# 培养

# 会思考的孩子

世界で 800 万人が実践！
考える力の育て方

[日] 飞田 基 著
路小支 译

四川科学技术出版社

## 图书在版编目（CIP）数据

培养会思考的孩子 / ［日］飞田 基著；路小支译. — 成都 : 四川科学技术出版社，2019.6

ISBN 978-7-5364-9465-7

Ⅰ. ①培… Ⅱ. ①飞… ②路… Ⅲ. ①逻辑思维—思维训练—儿童读物 Ⅳ. ①B80-49

中国版本图书馆CIP数据核字(2019)第095647号

四川省版权局著作权合同登记章　图进字21-2019-220号

Sekai de 800man-nin ga Jissen! Kangaeru Chikara no Sodatekata

by MOTOI TOBITA

Copyright © 2017 MOTOI TOBITA

Simplified Chinese translation copyright © 2019 by Beijing Dipper Publishing Co., Ltd.

All rights reserved.

Original Japanese language edition published by Diamond, Inc.

Simplified Chinese translation rights arranged with Diamond, Inc.

through BARDON-CHINESE MEDIA AGENCY.

..........................................................................

## 培养会思考的孩子
### PEIYANG HUI SIKAO DE HAIZI

出 品 人：钱丹凝　　　　　　责 任 编 辑：陈 婷　张 蓉
著　 者：[日]飞田 基　　　　责 任 出 版：欧晓春
译　 者：路小支　　　　　　封 面 设 计：仙境设计
出 版 发 行：四川科学技术出版社
　　　　　　地址：成都市槐树街2号　邮政编码：610031
　　　　　　官方微博：http://weibo.com/sckjcbs
　　　　　　官方微信公众号：sckjcbs
　　　　　　传真：028-87734039
成 品 尺 寸：128mm×185mm
印　 张：7
字　 数：140千
印　 刷：北京通天印刷有限责任公司
版次/印次：2019年6月第1版　2019年6月第1次印刷
定　 价：39.80元

ISBN 978-7-5364-9465-7
版权所有　翻印必究
本社发行部购组地址：四川省成都市槐树街2号
电话：028-87734035　邮政编码：610031

《培养会思考的孩子》让我们用"思考的能力"来替代家长强制、强压和强逼孩子听话。我好喜欢书中的"云图"概念，因为它提供了家长与孩子沟通的一种工具，让孩子把思考的过程用"云图"的方式摆放出来。这就好像和孩子一起做思维游戏，既教会孩子思考，又让孩子学会沟通。下一次如果你家遇到亲子沟通难题，就可以尝试画一张"云图"。相信会思考的孩子自然就会做出正确的选择。

—— **黄静洁**

（中西合璧亲子专家，华东师范大学学前教育系特聘"实践导师"，冰心奖著作《父母的格局》作者）

一个创新的时代希望培养有独立思考能力的人，但如何培养出思考的能力呢？本书提供了一种技巧，用"3个思考工具"来引导表达、梳理逻辑、提出创意、达成远大目标。它对父母教育孩子、成人的职业发展和企业管理都有启发。

—— **李峥嵘**

（亲子专栏作家，中国儿童文学研究会理事，中国科普作家协会会员，2018年北京十大金牌阅读推广人）

所谓"思考的能力"，就是无论环境如何变化都有积极生活下去的技能，能够跨过各种障碍，最终实现梦想。《培养会思考的孩子》不只是教孩子如何成为学习上的佼佼者，更是一本教孩子应对瞬息万变的未来之书。

—— **刘湘梅**

（京师创智教育研发中心主任，亲子教育专家）

PREFACE
前　言

# 为何孩子的思考能力很重要？

　　作为改善生活的生活教练，我已经就如何提高孩子的思考能力提出了许多具体的建议。为什么孩子的思考能力很重要？这一问题仍然值得大家仔细思考。

　　如果孩子长大并进入社会，就需要有能力应对学校没有教过的各种问题。尤其是当社会环境急剧变化时，例如，随着人工智能（AI）和计算机进化，我们从未经历过的新问题一个接一个地出现，那么拥有解决这些问题的能力是很有必要的。

　　最可怕的是，即使孩子获得了满足时代需求的技能，例如英语和编程，也无法独自开辟生活。 我认为**除非我们有能力思考，解决问题并采取行动，克服出现在我们眼前**

**的各种障碍，否则我们将无法实现梦想和达成目标。**

这也是我成为生活教练的原因。

换句话说，无论社会变成什么样，都要有积极生活下去的技能，这就是"思考能力"。

## 拓展思考能力的"3个思考工具"

本书从这个观点出发，把在家中如何简便有效地使用拓展孩子思考能力的"3个思考工具"总结出了6个秘诀介绍给大家。

这3个思考工具被命名为"云图""分支图"和"远大目标图"，如图1所示。这些工具是由以色列的物理学家艾利·高德拉特博士研究得出的。这位博士曾出版过畅销1 000万册的商业类书籍《目标》。

以色列国土狭窄，自然资源匮乏，还是一个历史纷争不断的国家。无论储存多少财富，都有可能突然消失。正是基于这种国情，"即使钱消失了知识也不会消失"的想法在国民心中根深蒂固。因此，以色列的教育蓬勃发展。

高德拉特博士在《目标》中提出"TOC制约法（Theory of Constraints ＝ 瓶颈理论）"，运用TOC理论，从工厂的生产管理到各个商业领域，都能取得进展、打破僵局。

**思考能力延伸出的"3个思考工具"**

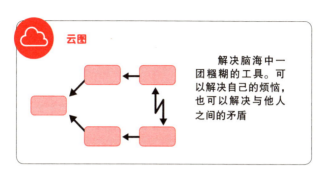

**云图**

解决脑海中一团糨糊的工具。可以解决自己的烦恼，也可以解决与他人之间的矛盾

**分支图**

这是一种能轻松整理复杂事件联系的工具。能够把握因果关系，有逻辑地做出判断

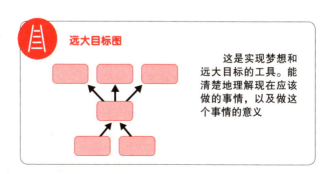

**远大目标图**

这是实现梦想和远大目标的工具。能清楚地理解现在应该做的事情，以及做这个事情的意义

能够做到这一点，是因为科学家们以努力研究问题的姿态而仔细地分析，以其独特的"思考过程"产生了一个又一个的解决方法和实行计划。

高德拉特博士的愿望是"想教给大家思考的方法"，并将自己的全部生涯奉献给教育事业。

作为教给孩子的"思考工具"，博士以简单明了的形式总结了自己的"思考过程"，即使是 5 岁的孩子也可以理解使用，也就是本书中要介绍的"3 个思考工具"。

这种工具在全球范围内得到了**"对于孩子简单易懂，对于经营管理者又足够深奥"**的高度评价。


## 世界上 800 万人都在灵活运用的思考工具

目前，这 3 个思考工具被广泛用于世界上 25 个国家的教育体系，并且应用范围仍在不断扩大。在美国、英国、俄罗斯这些大国的国际学术能力调查中效果明显，就连在新加坡也取得了压倒性的成绩，在南美和欧洲等国家的影响也在不断扩大。一些国家已将其作为学校教育和教师培训的课程。

例如，在马来西亚有 3.5 万名教职员工将这种培训应用于儿童教育上，并且许多国家已发表证明其效果的相关论文。此外，美国的《时代周刊》、以色列的教育频道等媒体都有关注报道。

由于这种涟漪效应，这3个思考工具被世界上800万甚至1 000万人使用。

每个工具的功能和用法将在每章中详细说明，通过利用这些功能，我们可以期待以下的效果：

- ☑ **在意见不合的情况下，可以想出创造性的解决方案**
- ☑ **可以有逻辑地思考、解释和说明事物**
- ☑ **能够克服实现梦想和达成目标过程中遇到的障碍**

不仅如此，解决问题的能力、沟通能力、打破壁垒的能力都会有所提高，创造性、协调性、同理心也会有明显的提升。

虽然本书主要针对小学和初中学生的家长，但同样也适用于高中生、大学生和职场人士。如果把书中"孩子"这个词替换成"下属"再阅读，那么大部分的内容也都适用于职场。实际上，这3种思考工具也适用于公司的员工培训。

## 培养会思考的孩子　　**目录**

**CHAPTER 0**

## 父母如何拓展孩子的思考能力
### 从"提示、告诉答案"到"询问"

## CHAPTER 1

### 引导孩子时表达的秘诀
独自思考，面对问题

# CHAPTER 3

## 从逻辑上思考事物的秘诀
### 利用分支图改善自己的行为

# CHAPTER 4

## 提升学习效率的秘诀
### 利用分支图在快乐的学习中提升成绩

# CHAPTER 6

## 掌握学习方法的秘诀
### 可以自主行动、不断成长

# 父母如何拓展孩子的思考能力

## 从『提示、告诉答案』到『询问』

## 你是否剥夺了孩子的思考能力

　　正在育儿途中奋斗着的爸爸妈妈们，你们是不是在为这样的事烦恼？

- ☑ **孩子总是不听话**
- ☑ **不愿意反复说教**
- ☑ **控制不住地发脾气**
- ☑ **成绩不好，一直没有进步**
- ☑ **这样下去对孩子的将来感到不安**
- ☑ **不知为何总觉得孩子的动作很慢**

　　每天在育儿过程中都会遇到这些问题，放任不管的话，随着时间的推移能解决吗？这当然是不可能的。孩子慢慢地长大，越来越难以管教。我们年龄越来越大，难以继续支持孩子，育儿中没有"等待"这个词。

我们希望孩子能度过美好的人生，父母为此会尽全力地做准备。对孩子的期望越高，作为父母的责任感越强，烦恼也会越多。那么为什么父母会有如此多的烦恼呢？

发生任何困扰的事情，都是有原因的。困扰再多，也都是有共通的根本原因的。只要找到根本原因，再多的困难都能解决。这就是高德拉特博士思考过程中的依据之一。根据这种思考方式，我们试着分析一下育儿过程中的 6 个烦恼：

- ☑ 如果孩子不信任家长说的话，结果就是孩子变得不听话
- ☑ 如果孩子没有按照家长的期待行动，结果就是不得不反复说教
- ☑ 如果反复说教依然犯同样的错误，结果会因为怎么说都不懂而控制不住地发脾气
- ☑ 如果跟不上课堂进度，结果成绩一直不好，很难进步
- ☑ 如果孩子还没努力就放弃，那么就会开始担忧孩子的将来
- ☑ 如果孩子无论如何都想不出来解决方案，结果就会总觉得孩子的动作很慢

那么为何会变成这般？原因有两个。

第一个原因是：**家长会指示孩子应该做什么，孩子有了自己的想法，有时就会不听大人的话。**

孩子有自己的想法，所以有时不能接受大人的指示。但在大人看来，孩子这样是不听话、不管说几次都没用的表现。这种情况总结成图2：

**图2　6 个育儿烦恼 —— 原因 (1)**

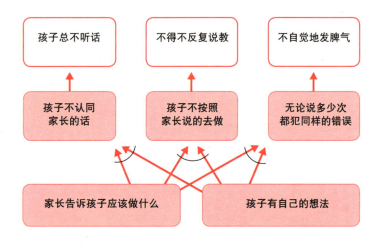

这个分支图说明了"如果家长告诉孩子应该做什么，同时孩子有自己的想法，那么孩子会不认同家长的话"。

你也可以尝试像这样用箭头连接方框来表明各因素的因果关系（详细内容将在第三章中说明）。

第二个原因是：**家长会告诉孩子答案。**

家长不能帮孩子做所有的事情，因为孩子迟早都会遇到不得不自己解决的问题。但是，对于只被教授答案的孩子来说，自己却没有解决问题的能力。

这将导致孩子不会自主学习，遇到挑战就放弃，寻找答案时花费大量的时间。这些问题总结整理成图3：

**图 3**　**6 个育儿烦恼 —— 原因 (2)**

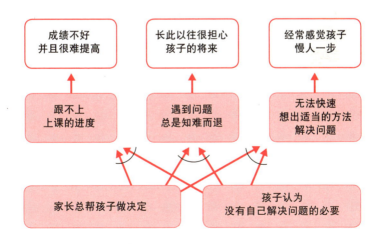

　　"家长告诉孩子应该怎样做""家长告诉孩子问题的答案……"这样的做法剥夺了孩子自己思考、寻找答案的能力，也就是说育儿的 6 个烦恼的根本原因只有一个。

　　因此，如果培养孩子的思考能力，育儿的 6 个烦恼自然就迎刃而解了，从这个意义上说，本书着重于寻找适合培养孩子思考能力的理想育儿方法。

## 提问才会思考答案

在育儿道路上奋斗的爸爸妈妈们，可以不要过多地指示孩子或者直接告诉他答案吗？我们以**"让孩子自己开动脑筋想答案，如此源源不断地学知识"**为目标难道不是更好吗？

不要指示，不要教答案，要问"怎么做更好"。时至今日还是会回想起来在育儿书和研讨会上这个观点曾被认为说起来容易做起来难……

我自己一直在寻找这个问题的答案。后来，高德拉特博士指点了我关于代替"说教"的方法。

那就是**"提问"**。人总是听到问题就会思索答案。如果听到"去做××！"这样的命令就不会思考，如果听到"你觉得怎么做合适？"就会思考自己怎么做才好。

博士也说，"学习中遇到的最大障碍"难道不是直接告诉答案吗？因为这样会永久剥夺自己寻找答案的机会，我相信，自己有逻辑地思考、寻找答案才是学习的唯一途径。

相比于命令句的"！"，疑问句的"？"不是更容易启发人们思考吗？

疑问是一种对自己思考能力的训练，古希腊哲学家苏格拉底也是通过问答得到"知识"的。遇到世界上已知的信息也解决不了的未知难题时，疑问就会赋予我们创造性地解决未知难题的能力。

# 从垫底到逆袭的中学生

被称为**"3个思考工具"的云图、分支图和远大目标图是孩子思考问题时的基础。**然后，在孩子对问题一一回答的过程中，自然而然地就掌握了思考的能力。

我自己也曾与幼儿、小学生、初中生、高中生、大学生和社会人士等各个年龄段的人一起使用这本书中介绍的3个思考工具。然后，亲眼看到了它的显著成果。

请让我介绍一位实验案例中成果显著的孩子——裕树。我遇到裕树的时候，他还是这样一个孩子：

- ☑ 小学时由于和老师相处不好而逃学
- ☑ 虽然勉强升入初中，但是成绩不佳，所有主要科目都补课和补考
- ☑ 没有必须学习的理由，提不起干劲
- ☑ 在学校里是众所周知的"不良少年"，校长室里"挨骂沙发"的常客
- ☑ 和损友去闹市玩，被警察教导
- ☑ 被诊断为阿斯伯格综合征（一种不善于处理人际关系的社交障碍）
- ☑ 因为两次障碍病发，所以要定期去医院接受治疗、吃药
- ☑ Working Memory(掌管大脑短期记忆的功能)的检查数值极低
- ☑ 遭受"学习不好""老是挨骂""病痛"三重苦
- ☑ 人生看不到希望，曾经割腕

在本书的执笔阶段，裕树已经升为高中生，在此期间发生了如下事情：

- ☑ 无问题行为，没有再被叫去校长室
- ☑ 初三做到零补习、零补考，成绩在班级里中等
- ☑ 令人咂舌的是，由于社会科目成绩优异而进入校内张贴的尖子生排行榜

☑　自己选择高中的发展方向

☑　正以"成为心脏内科医生"为目标而努力学习

☑　他在所属的童子军中，教后辈小学生"自己用头脑思考、行动"，被评为优秀小组

☑　他在京都大学举行的教育系研讨会上，就自己变化的故事进行了演讲

这样的裕树用行动向我传达：**"遇到了这个方法后，我可以目标清晰、积极向上地活下去了。"**

本书的方法并不是专门针对阿斯伯格综合征这样特殊的孩子，"普通的孩子""能干的孩子"都适用。迄今为止的参与者中，以东京大学为首的高水平大学的合格生也有不少。

我决定分享裕树的例子，有两个原因。第一个原因是：为了说明即使是不擅长交流、人际关系和学习的孩子也能活用这本书的内容。第二个原因是：与它相遇之后，裕树的变化过于戏剧性。

## 培养孩子思考能力的"6个秘诀"

请停止指挥、停止解答，转而用"提问"代替吧。事实上，提问能改变孩子与成年人的相处模式。

"指挥""解答"这些行为的背后，有着"自己是大人，对方是孩子。所以，自己必须好好教导并引导"的想法。

另一方面，在"提问"这个行为的背后，意味着认可：**"孩子也有充分的思考能力。如果给予支持的话，孩子就能够用自己的头脑思考、给出回答、自主行动，并能够持续学习。"**

我觉得对孩子抱有"好好教育"的心态很了不起。但同时，我也觉得这很辛苦。在急速变化的社会中，应该教孩子什么、给予孩子什么，我们困惑着，与此同时自己认为这也是最好的，这不就是育儿的现状吗？

　　正如我们所说的"育儿即育己"，我们是在养育孩子的过程中不断成长的。什么是"最合适的"谁都无法预料。

　　当然，比起孩子，成年人的学习经历和经验更丰富，能表达的东西也更多。但是，如果强制性地教授孩子，孩子思考的机会就被剥夺了。教授给孩子的东西不一定会对他们的将来有帮助，因为现在我们所处的环境极有可能明显有别于将来孩子们生活的环境。

　　也正因为如此，父母不要直接传授自己的知识和经验，应该这样做：**"为了培养孩子开拓自己未来的能力，成为提供支持的教练比较好。"** 这也是本书的立场。

　　如果孩子自己思考并给出答案、自主行动并继续学习，这样做会带来怎样的变化呢？

　　请看图 4 所示的"育儿的理想状态"：

**图 4**　**育儿的理想状态是什么**

**育儿的烦恼**　　　　　　　**育儿的理想状态**

| 孩子老是不听话 | → | 孩子会思考<br>面对的问题 |

| 不得不反复说教 | → | 孩子会有<br>创造性的想法 |

| 不自觉地发脾气 | → | 孩子可以<br>修正自己的行为 |

| 成绩上不去 | → | 孩子一边享受着学习，<br>一边提高成绩 |

| 长此以往<br>会担忧孩子的将来 | → | 孩子会有梦想，<br>努力实现梦想 |

| 总觉得孩子行动很慢 | → | 孩子可以自主地行动<br>并不断成长 |

**< 第 1 章 >　引导孩子时表达的秘诀**

独自思考，面对问题

**< 第 2 章 >　解决矛盾的秘诀**

利用云图想出有创意的想法

**< 第 3 章 >　从逻辑上思考事物的秘诀**

利用分支图改善自己的行为

**< 第 4 章 >　提升学习效率的秘诀**

利用分支图在快乐的学习中提升成绩

**< 第 5 章 >　达成宏大目标的秘诀**

利用远大目标图实现梦想

**< 第 6 章 >　掌握学习方法的秘诀**

可以自主行动、不断成长

　　本书的 1 ~ 6 章，旨在提高孩子的思考能力的同时，逐个实现"6 个育儿的理想状态"。

　　在最后的第 7 章，我们将对第 2 章至第 5 章中阐述的"3 个思考工具"进行组合使用，同时介绍消除孩子成长中遇到的心理障碍的方法。以此作为本书的总结。

# CHAPTER 1

# 引导孩子时表达的秘诀

独自思考，面对问题

## 为什么孩子总是领会不了

父母："快点做作业。"
孩子："啰唆，我现在正要写。"

父母："快点做作业。"
孩子："妈妈，快点做饭吧。"

父母："快点做作业。"
孩子："嗯（一边说着，一边玩游戏）。"

你有过这样的经历吗？顶撞、答非所问、敷衍应付……这些都不是父母希望孩子给出的反应。

　　这种时候，容易陷入如图5所示的恶性循环。就算放任不管，也会深陷其中。其实，父母常常不想下指示也不想命令孩子，希望他们能自觉。即使这么希望，还是事与愿违。刚开始跟孩子沟通时，若父母单方面地给予建议或给出答案，必然会陷入恶性循环。

图 5　　**与孩子的沟通陷入恶性循环**

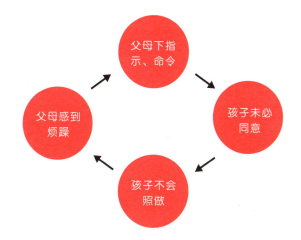

**孩子：** "啊～今天作业好多啊！"

**父母：** "那别磨蹭了，赶紧做完不行吗？"

　　话虽如此，但因为迈不出那一步，所以让人难以接受。

不难想象今后孩子会有什么样的反应。

从这些对话的例子中可以看出，**"如果孩子自己不接受的话，是很难执行的"**。父母和周围的成人如果下达指示、命令或告诉孩子答案的话，往往不能让孩子产生认同感。即使是成年人，如果接到公司下达的让人无法接受的指示、命令，也不会痛痛快快地完成工作吧。

那么在本章中，会介绍如何引出孩子话题、让孩子自己思考并面对问题的秘诀。这是跟孩子无法顺利沟通时可以使用的指导技能。

## 轻易地说出"困难的事情"

不管是什么样的人，如果是自己想说话大多会滔滔不绝。既然如此，与人交谈时如果把对方想说的话作为话题进行对话就会很容易沟通。

我是用对话解决人生困难的生活教练。到访者想聊的话题通常是"自己遇到的困扰"。父母和孩子交谈的时候，把孩子遇到的困扰作为话题的引出，也容易开始谈话。

这个时候常听到的问题，简单来说就是**"因为什么而困扰"**。

听到"梦想是什么""目标是什么"这样的问题，马上回答是很难的。但是，感到困扰的事情却很容易说出口。无趣的事、不争气的事、烦恼的事……诸如此类的事情，说起来便会滔滔不绝。提出这个理论的高德拉特博士说过，"人是不停地抱怨的天才"。

**问到孩子"遇到什么困扰的事情了吗"，不论孩子回答什么，家长都像鹦鹉学舌一样地重复一遍，接着再问"还有别的吗"，就好像只是在倾听困惑。**既不指示也不命令，不告诉答案。关于发言内容，也不会有好的或者坏的评价。孩子只是说自己的事情，而且是最想解决的问题。这样就能达成对话。

孩子长大后，可能会感觉他们像一只不知道在想什么的怪兽，但实际上并非如此。如果强行让孩子们理解并认可自己的想法，这样就很难和孩子进行沟通。

当然，并不是所有的孩子都有明显的问题，也有看似没有问题的"好孩子""能干的孩子"。

如果孩子看起来没有问题，**"如果有担心的事情，会是什么呢"，**这样问的话更有效。跟朋友的关系也好、成绩也好、将来的规划也好，什么话题都可以。

加上"如果有担心的事"这句话，可以把"虽然我觉得没必要担心"这样的意思委婉地传达给对方。如果没有了这句话，"其实隐瞒了担心的事情对吧？坦诚交代吧！"就会变成完全不同的交流方式。

令人惊讶的是，试着问看起来没有任何问题的优等生**"如果有什么担心的"，**他们也会滔滔不绝，这样会让父母意识到自己也并没有很了解孩子。

有时，孩子会因为不能马上回答出来而保持沉默。这时没有必要急躁，**试着放松地等一分钟吧。**

这个时间像钻石一样宝贵。因为孩子们在拼命地思考如何回答问题，这就是"用自己的头脑思考的孩子"成长的瞬间。因此，即使不能马上说出来，也希望能像等待婴儿诞生一样，以幸福、平静的心情在心里支持并等待。

听了朋友的话觉得"真好啊"，安稳地等待回答的期间，在心里唱起来 *Happy Birthday to You*。

等来的回答，有时可能会出现令人吃惊的内容。这种时候，不，越是这种时候，越要接受孩子的回答。没有什么是需要同意的，**只要认真对待孩子的想法就可以了。**

这时父母提出自己的意见，什么问题都解决不了。但如果把孩子的回答原封不动地重复一遍，没有多余的解释，孩子就会觉得"他们已经听进去我说的话了"。

**父母和孩子之间的对话陷入恶性循环的一个原因是孩子对父母的不信任。** 如果没能认真听对方讲话，或想法无端被否定，这种情况就会愈演愈烈。

**原封不动地接受孩子说的话，与孩子建立小的信赖关系，打开沟通之门。**

## 中学生裕树和教练的初次对话

第一次见到裕树时，我是四十多岁的叔叔，裕树是中学生。初次见面，也没有共同的爱好。如果只是我单方面讲话的话很简单，但是那就不能称之为对话了。我想让对方成为对话的主角。

于是，为了让裕树开口，我问他："你有遇到什么困难吗？"

**我**："你现在有什么困扰吗？"

**裕树**："没有干劲。"

**我**："是吗，没有干劲啊？"

**裕树**："啊，也不全是，只是对学习没有干劲。"

**我**："学习没有干劲，但是其他的事情都还好是吧？"

**裕树**："是啊。不是经常没有干劲，只是某几天没有干劲。"

仅是询问，本人就会将自己的语言纠正得更准确。**换句话说，因为孩子能确认自己的语言是如何传达给对方的，所以自己会想办法正确地传达。**

如果问出了一个困扰，就继续引导。

我：　"还有吗？"

裕树：　"还有，干劲减少了。"

我：　"嗯嗯，其他还有什么困难呢？"

裕树：　"唉，自己想做却做不到。"

裕树：　"之后，就玩去了！"

我：　"还有什么烦恼吗？"

裕树：　"……"

即使陷入沉默，只要平静地等待就好了。

但是，对于不习惯思考的孩子来说，几十秒的话，意识就会变得模糊。**如果孩子看起来走神了，将之前出现的"困扰的事情"重复一遍也是很有效的。**

我：　"对学习每天提不起干劲，干劲也减少了，还有就是整天玩，对于这些很困扰吧。其他还有吗？"

裕树：　"记忆力差。"

我：　"还有什么其他的麻烦吗？"

**裕树**："不会进行应用。"

**我**："哦，原来如此，因为不能进行应用所以很困扰啊！"

其实我不明白"进行应用"的意思，是不会用学习到的知识解应用题，还是被老师说"你的课题是提高应用能力"……

在不明确他的意思就不能继续对话时，试着询问一下"应用是什么意思"。

如果不那么在意的话，只是接受孩子表达的话就没问题了。为什么呢？因为询问"困难"只是对话的开始，之后在详细分析内容并推进问题解决的过程中，语言的意思自然就会变得明确。

## 书写、粘贴、保留的"便笺"功能

话说完就过去了。如果聊天对象有很多人的话，你一言我一语地发完言就会忘记。结果，即使花了时间聊天，最后却什么都不知道，什么都不确定，这样的事情并不稀奇。我们如何阻止这种情况发生呢？

实际上，**只要书写、粘贴、记录对话内容，就能更有效地进行对话。** 这个方法对小孩和大人都有效果。也就是说使用"便笺"，不管聊天对象是一人还是多人，甚至对自己都是有效果的。

在两人以上的对话中使用的话，为了让所有人都能看得清楚，推荐使用7厘米的便笺。将所有的发言记录在上面，贴在大家都能看到的地方。**重点是"一页纸上只写一行内容"**，然后**"在不找他人原因的情况下，把遇到的困难写下来"**。

　　例如，决定把"感到困扰的事情"写在黄色便笺上时，增加"都写在这一张便笺上吧"的要求。因为限制了字数，所以一针见血的问题点会一下子浮现出来。另外，**如果事先定好规则，即便说的话太长，也能促使对方抓住重点。**

## 找到"理想的自己"的方法

虽然"想成为的自己"和"理想的姿态"是很难用语言来表达的，但明确这些是很重要的。**因为自己所追求的"理想状态"越具体化，为此努力的动力就越大。**

要想表达"理想的模样"，运用"烦恼的事情"的话会很方便。**以"烦恼"为起点，让人思考"理想状态"。**

当时的问题是"××真让人困扰啊。那该怎么办才好呢"，然后，把发言写在与"烦恼"对应的不同颜色的便笺上，粘贴、保留就可以了。再一次确认"感到困扰的事情"之后再问"理想状态"的话，孩子会自然地开始思考。

在和裕树的第一次对话中，在问了"困扰的事情"之后，利用便笺继续聊了关于"理想的状态"的话题。最终完成了图6。

那时的对话是这样的感觉：

**我：** "对于学习，有时候会因为没有干劲而感到困扰吧？那么，你觉得怎么样才是理想状态呢？"

**裕树：** "每天都可以集中精力学习超过3个小时。"

**我：** "干劲减少了，很困扰吧？那么，什么样的感觉才是理想的呢？"

**裕树：** "每天都能像想象的那样学习。"

**图6** **裕树的困扰和理想状态**

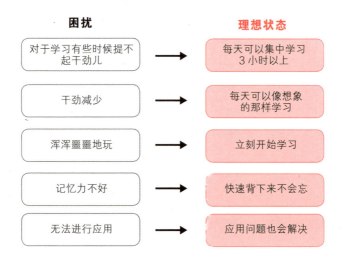

我重复这个问题。

因为一直将对方的"烦恼"和"理想状态"作为话题，所以对话的主角始终是对方。"那样做的话""这样做的话"诸如此类的建议，以及"为什么会变成那样呢？"这样的分析，也不会造成压力。**只有问清楚"烦恼"和"理想状态"，然后在便笺上写下来，这才是顺利进行对话的诀窍**。

如果将"理想状态"用明确的语言表达出来的话，就会期待有能实现这一目标的方法。这样的话，就会越来越想继续对话了。

- ☑ **每天都能集中精力学习 3 小时以上**
- ☑ **每天都能像想象的那样学习**
- ☑ **立刻开始学习**
- ☑ **快速背下来不会忘**
- ☑ **应用问题也会解决**

这是我和裕树一起制作的"理想状态"的清单。

如果这些全部都能实现的话，就有试一试的价值，于是我们决定一起挑战。

看了这个清单，我觉得好像有相似的地方。

比如，"每天都能集中精力学习 3 个小时以上"和"每天都能像想象的那样学习"类似。听了这些话的父母，可能会把表现总结成同一个，或者把感觉相似的部分进行分组。但是，不知道孩子能不能接受。

**原本人类将自己的想法变成语言的能力就不是完美的。成年人有时都不能很好地表达自己的想法，孩子更是如此。**

因此，把说出来的原话写在便笺上，以此作为判断依据。我的建议是把孩子说的话原原本本地写下来保留。

如果孩子能注意到"这个和那个一样"就更好了。

**如果孩子"想获得这种'理想状态'"，自己就会开始思考"怎样才能得到呢"。** 如果在思考的过程中遇到了更大的障碍，没关系。因为从下一章开始会介绍"3 个思考工具"。

## "脑海里浮现出目标"的少年棒球队

有一个关于体育的实例，是家庭和团队都能参考的方法。对于热衷于体育运动的孩子们来说，几乎都"想要顺利""想变强""想胜利"。可是能做到向着那些目标自己思考、直面问题，并努力练习的孩子应该很少吧？在这种情况下，提问同样很有效。

问少年棒球队的孩子们"你为了什么而烦恼"时，得到了这样的回答：

- ☑ **球不能投到想投的地方**
- ☑ **挥动球棒打不到球**
- ☑ **队友说："我不想和你在一起。"**
- ☑ **我怕这次比赛又要失败了**
- ☑ **讨厌考试**

"理想的状态"是以"烦恼的事"为起点提出的问题。

如果无视这些而直接问："棒球的理想状态是怎样的？"只问"理想状态"的话，很有可能只能得到一些"想要击中球""不想出错""想更上手"这样抽象的回答。

当然，孩子能坦率地表达出自己真实的心情，但是这还不够具体。**如果没有想象的那么具体的画面的话，就没有面对问题的动力了。**

以困扰为出发点，问题就变成这样：

例如，黄色的便笺上写着"球不能投到自己所想投的地方"的话，可以听到以下具体的对话。

"球没能投到自己所想投的地方，让你很困扰吧？那投球投成什么样子是你满意的呢？"

你可能会听到"接到内野（棒球的防守范围）的地滚球之后把球快速地投出去，让对手不能进入第二局"这样的对话，便会明白"处理好内野的地滚球让对手出局"这种具体的"理想的状态"。

仅靠"球不能投到自己所想投的地方"这一"苦恼"，便想象投接球是否打得不好，但事实并非如此。

这样的对话，适用于很多孩子或者团队。

把棒球俱乐部的孩子们聚在一起，问他们："就算挥动球棒也打不到球真让人困扰啊。那么怎么样才算好呢？"

　　一个孩子回答说："球棒打到球。"听到这句话，另一个孩子评论："你就算打到了也是犯规。"周围的孩子都哄笑起来。又有一个孩子接着说："就算打出内野的地滚球也不一定能让对方出局。"大家都随声附和"对对对"。

　　于是，再次问道："就算挥动球棒也不会打到球，真让人困扰啊。那么，该怎么样才算好呢？"担任棒球队队长的孩子总结说："如果能打出安打（棒球及垒球运动中的一个名词）就好了。"

　　但这还没结束，"可是，S 中学投手的曲线球太弯曲了，绝对打不到"，前几天练习比赛的记忆复苏了。然后，"理想状态"又被总结为"击中 S 中学投手投出的曲线球，打出安打"。

　　**听了"苦恼的事"，然后开始创造"理想状态"，用自己的头脑思考并组织语言。这样一来就能具体地想象出应该着手的问题，并认真面对问题了。**

| 总 结 | **提高孩子的领会能力和干劲的沟通方法** |

和孩子进行建设性的对话，让孩子自己思考、总结能面对问题的具体方法。

### (1) 讨论关于孩子"困扰的事情"的话题

"有什么困扰的事情吗？"

"还有吗？"

"如果担心的话是因为什么事情呢？"

### (2) 照原样理解孩子的发言

**只要把孩子说的话原原本本地重复一遍，孩子就会感到被理解了，产生信赖感。**另外，重复同样的话，孩子会注意到说的不明确的部分，会自己思考并改正。

### (3) 将发言原封不动地写在便笺上，粘贴、保留

将孩子的发言写在便笺上贴出来，会留下认真对待孩子想法的印象。另外，看到便笺上的内容，无论多久，孩子都能回忆起来进行复习。

### (4) 用平缓的心情等待孩子把话说出来

即使孩子此刻不能马上回答出来，也要等上一分钟。这时，孩子的大脑正全速运转。等了一会儿也回答不出来的时候，再次读一遍之前记录对话的便笺，重复一遍"困惑的事情"。

### (5) 灵活运用"困扰的事情"，将"理想的状态"组织成语言

"正为 ×× 发愁吧？那么，怎样才是理想的呢？"

把"困扰的事情"和"理想的状态"写在不同颜色的便笺纸上，从视觉上整理信息是有帮助的。

这些对话的秘诀将在下一章呈现，作为介绍和孩子一起使用的"3 个思考工具"的基本技巧。

COLUMN
**1**

## 奥运会选手也在用的思考方法

参加里约热内卢奥运会赛艇比赛的中野宏志选手，也使用了本书介绍的思考工具。

请看下一页的照片。在他的爱船的右下角上，贴上了意味突破思维定式的贴纸。

对他来说，这是第一次参加奥运会，第一次来巴西。虽然有实力，但是不能在大舞台上发挥出来的话是没有意义的。到底做好怎样的准备，才能以万全的态势不慌张地应对呢？为了思考这些，我们使用了第 5 章中介绍的"远大目标图"。

另外，对作为所谓的冷门项目的赛艇竞技者来说，在奥运会上通过媒体报道，是让很多人知道赛艇比赛的绝好机会。接受采访的时候，为了事先想好"有趣的、值得报道的"访问语，我们使用了第 3 章介绍的"分支图"。

虽说参赛者也是一个普通人，所以会有各种各样的烦恼：应该为了比赛投入全部的时间精力，还

是说应该多分一些时间陪伴家人？应该继续沿用现在的训练方法还是采用别的训练方法？如果能做到直面烦恼，拿出现在能做出的最好的回答，不迷惑，就自信了。为此，使用了第2章介绍的"云图"。

　　可以像这样，活用"为了教育的TOC"这3个思考工具，在多方面支持职业体育运动员。

# 解决矛盾的秘诀

利用云图想出有创意的想法

## 你真的明白"对方的心情"吗

有一天家人团圆的时候。

上小学的孩子说:"前不久朋友 T 君请客了。"

母亲听了之后,情不自禁地打开了说教的开关。

"因为什么请客?"

"那是什么时候的事?"

"其他还有谁?"

"你总是被邀请吗?"

一个接一个的问题,本应让人快乐的家人团圆的时间变成了说教的时间。

"既然你被邀请了,就得好好回礼啊!"

"只有我们不知道会很不好意思!"

"也考虑一下妈妈的立场吧!"

孩子只是想把发生的事情开心地分享出来。但是在父母看来，就会想"明明之前刚说过同样的问题，怎么还没明白"。父母只是想好好地向孩子传达有关人际关系的事情而已。

社会是由人际关系组成的，这里有各种立场上的对立。

例如，如果父母和子女之间的立场对立，就会有"希望孩子及时汇报的父母 vs 心血来潮想聊天的孩子""希望完成作业的父母 vs 想玩游戏的孩子"，等等。

其实，即使是一个人也有矛盾。"今天发生的事情说还是不说？""上学 vs 不去"，虽然这只是自己内心决定的对立，但背后也潜藏着与他人的关系。

**考虑对方的立场很重要，因为一旦能做到这一点，人际关系就会变得顺畅。** 因此，"站在对方的立场上思考"成了父母教育孩子的口头禅。

话虽如此，但如果能考虑到对方的心情的话就不会烦恼了。我们可能会觉得"完全不知道对方在想什么"，或者"一味考虑对方的心情，自己会吃亏的"。

**假如能找到"如果准确地体会到对方的立场，自己也不会吃亏的"** 这种解决方法不是很好吗？这就是我们在本章所要传达的"解决矛盾的秘诀"。

# 消除矛盾困境的云图

如果你的两个选择对立，或者你和对方的主张相反，你会陷入"站在哪边都和对面对立"的两难境地。

能彻底解决这种困境的就是被称作"云图"的思考工具。

云图，因为是作为解决陷入如云一样、一头雾水的困境的工具，便如此命名了。

云图由 5 个方框组成，如图 7 所示。

从左边开始依次排列"共同目标的方框"，2 个"期望的方框"，2 个"行动的方框"，每个方框各自标注着 A、B、C、D、D' 的标签，以便大家理解。

图 7　　**构成云图的 5 个方框**

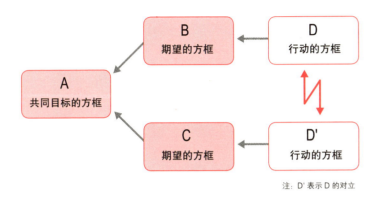

注：D′表示 D 的对立

　　使用这 5 个方框来揭示对立关系，思考解决方案。

　　右边的"行动的方框"上写的两个行动是对立的，所以用红色闪电形的箭头来表示对立。由于如何理解对立面还很模糊，行动的方框就用白色背景表示了。"共同目标的方框"和"期望的方框"是无论如何都想做到的事情，用油墨的颜色也可以，或者根据孩子的年龄，用彩色和图案来增加趣味性。

云图有自己的读法。根据这个读法试着出声读出来时，会感慨"嗯嗯，的确是这样"，就可以判断出云图写得正合适。

举个父母为孩子们接不接受高等教育（比如大学）而烦恼的实例吧。

请看图8。我们把两个方框和一个箭头设置成一组，从不同的角度开始阅读。

图8　**孩子是否接受高等教育**

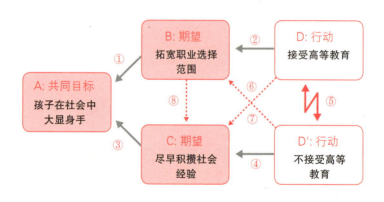

### ① **为了达成 A，必须做 B**

为了让孩子在社会上大显身手，有必要拓宽职业选择范围。

### ② 为了做 B，应该做 D

为了拓宽职业选择范围，应该接受高等教育。

### ③ 为了做 A，必须做 C

孩子要想在社会中大展身手，就需要尽早积累更多的社会经验。

### ④ 为了做 C，应该做 D'

孩子想要尽早积累更多的社会经验，就可以不接受高等教育。

### ⑤ D 和 D' 同时不能选择

接受高等教育和不接受高等教育是不能同时进行的。

### ⑥ 选 D 的话，就难以实现 C

接受高等教育，很难积累更多的社会经验。

### ⑦ 选 D' 的话，B 很难做到

如果不接受高等教育，就很难扩大职业选择范围。

### ⑧ 如果能同时做到 B 和 C 的话，就不必烦恼了

如果能同时进行拓宽职业选择范围和积累更多社会经验，就不必烦恼了。

## 找到解决问题的 2 个方法

阅读云图后渐渐明了，问题就解决了一半。从云图上寻找到两种问题的解决方法。一种是着眼于两个"期望的方框"的纵向关系，另一种是着眼于"行动的方框"和"期望的方框"的斜线关系。

### 着眼于"期望的方框"的纵向关系

让孩子仔细阅读 2 个"期望的方框"上的内容（B 和 C），然后试着提问"有既能做 B 又能做 C 的两全方法吗"，还是之前的例子，得到如下所示：

"有没有既能拓宽职业的选择范围，又能兼顾更多的社会经验的方法呢？"

如果提问年纪小的孩子，会得到很多大人们都没有想到的好主意。因为他们有不被束缚的灵活头脑。

换句话说，因为被一方的"行动"和"要求"所束缚，看不到另一方的"希望"，所以没有找到解决方法。**写云图可以拓展孩子们的视野，让他们看到矛盾所在。**

当然，有时候也会有只看两个要求而找不到解决方法的情况。这种情况我推荐第二种方法。

图 9　**根据云图的斜线关系寻找解决方案**

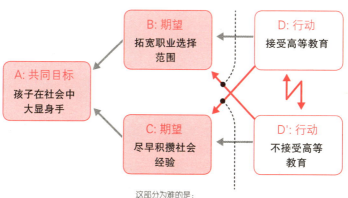

这部分为难的是：
- 如果没有大学毕业的话，很多工作都不能申请
- 高中毕业的话，了解各种职业的机会就少了

B: 期望
拓宽职业选择范围

D: 行动
接受高等教育

A: 共同目标
孩子在社会中大显身手

C: 期望
尽早积攒社会经验

D': 行动
不接受高等教育

这部分为难的是：
- 进入大学前和进入大学后都要忙于学习
- 越积攒学历，进入社会越晚

### 着眼于"行动的方框"和"期望的方框"的斜线关系

第二种方法是图9所示的"行动的方框"和"期望的方框"之间的斜线关系。具体来说就是D和C、D'和B的关系。在这里，有如下问题：

"为什么做了D，就那么难做C呢？"

"接受高等教育，为什么很难尽早积累更多的社会经验呢？"

作为回答范例，可以考虑"上大学之前或者进了大学之后，学习都很忙""因为取得学历的话，进入社会的时间就会晚"这样的答案。

同样，还对另一个斜线关系有疑问：

"为何做了D'，就很难做到B呢？"

"为什么不接受高等教育就无法扩展职业选择呢？"

作为回答范例，可以参考"如果没有大学毕业，很多工作都不能申请"的回答。

抑或是"因为高中毕业的经验，了解各种职业的机会比较少"这样的答案。

像这样写下"为什么呢"，从中找出"感觉并非真的"的地方。然后，**试着设想一下"也有相反的想法吧"**。

举两个例子：

例 1，"高中毕业的话了解各种职业的机会就少了，是真的吗？高中毕业这段时间去了解更多的职业，边拓宽职业选择的范围，边积攒社会经验不可以吗？"

例 2，"越提升学历，踏入社会越晚，难道是真的有这样的限制吗？学生不可以学习的同时积攒社会经验，边拓展择业范围吗？"

**通过提出"相反的想法"，找出能够满足两种期望的解决方法。**

按照这两个方法的顺序进行总结的话，①请考虑"为何如此"这个问题的答案。②对于刚刚的回答，提出"真的没有什么限制吗""不是还有别的看法吗"的疑问。这个问题强制要求我们用相反的观点来考虑问题。

这就是训练创造性想法的方式。可以和孩子一起灵活运用，开心地当作解题游戏，大人也可以灵活运用在自己身上。

## 应该接受有钱朋友的请客做东吗

裕树恰好也有使用云图的小插曲。

在裕树就读的小学里，有很多有钱的孩子，所以有的时候有钱孩子会发出邀请："我请客，我们去玩吧。"对于裕树来说，被邀请一方面很高兴，另一方面也很烦恼。一方面有想被请客的心情，另一方面也有讨厌被请客的心情。也就是说，这时的裕树陷入了"接不接受请客"的两难状态。

在裕树和我开始对话的时候，为了整理出图 10，首先把两篇文章写在便笺上，贴在醒目的位置。

图 10　**对立的行为用闪电形箭头连接**

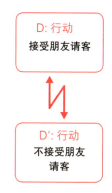

　　"接受朋友请客""不接受朋友请客"。

　　因为这两个行动是"对立"的，为了让大家更好地理解，用了红色的箭头连接。

　　**重要的不是对立的行动本身，而是这些行为的背后都有"期望"，也就是真正想达成的事**。下一步就是找到这个。

　　于是，我询问了一下裕树。


我：　"接受朋友请客有什么高兴的吗？"

裕树："有很轻松愉快的回忆。"

我：　"如果不接受朋友做东，会有什么高兴的吗？"

裕树："不会产生麻烦的根源。"

在这里，有想要确认的事情。

"接受朋友请客""不接受朋友请客"这两个"行为"，无论选择哪一个，"轻松快乐的回忆""不会产生麻烦的根源"这两个"希望"都想兼顾，都应该能够兼顾。继续回到对话。

**我：**"如果，'轻松愉快的回忆'和'不会产生麻烦的根源'能够兼顾，有什么好处呢？"

在很多情况下，这个问题的回答一般都是不太具体的。

和裕树试着一起思考之后，裕树终于得出了"过着充实的学校生活"这样的回答。这样完成了图 11。

**图 11　孩子接受不接受朋友请客**

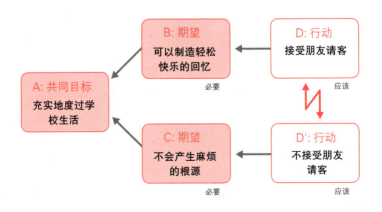

## 复习一下云图的使用方法

在右侧的两个方框（D 和 D'）里，写入不能同时选择的"选择项"，不能同时接受的"主张"。这被称为"行动的方框"。

在裕树的例子中，将"接受朋友请客""不接受朋友请客"分别填入右侧的两个"行动的方框"。

中间的两个方框（B 和 C），与"行动的方框"分别对应，填入"行动背后真的想要达成的事"或者"行动的话，有什么高兴的事吗"，这个叫作"期望的方框"。

将"可以制造轻松愉快的回忆""不会产生麻烦的根源"这两点写在中间的两个"期望的方框"里。

左侧仅有的一个方框(A)，填入"两个希望都想达到，应该怎么实现呢"，或者"无论采取哪一种行动都能达成共识"的共同目标。这被称为"共同目标的方框"。

在裕树的例子中，共同目标是"过着充实的学校生活"。不管是想让朋友请客的裕树，还是不想被人请客的裕树，对裕树来说，"过着充实的学校生活"才是目的。

如果读取了这个云图的话，如下所示：

☑ 为了"过充实的学校生活"，"有轻松愉快的回忆"是必需的

☑ 为了"有轻松愉快的回忆"，就应该"接受朋友请客"

☑ 为了"过充实的学校生活"，"不会产生麻烦的根源"是必需的

☑ 为了"不会产生麻烦的根源"，就应该"不接受朋友请客"

"接受朋友请客"和"不接受朋友请客"不会同时发生。

## 裕树寻找解决问题的对策

云图做好了，又继续问裕树。

我："有没有'轻松快乐的回忆'和'不会产生麻烦的根源'这样两全的方法呢？"

裕树："……"

等了一分钟也没有想出好办法。于是，我用了第二种方法（图12）。

我："'让朋友请客'和'不会产生麻烦的根源'的困难是什么呢？"

裕树："钱是出问题的根源。因为请客的朋友后来会说'我那个时候不是请客了吗'，然后指使我。"

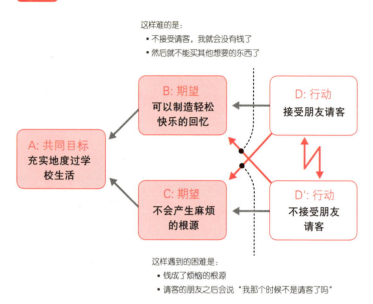

**图 12** **斜向关系的问题**

这样难的是:
▪ 不接受请客,我就会没有钱了
▪ 然后就不能买其他想要的东西了

**B: 期望**
可以制造轻松快乐的回忆

**D: 行动**
接受朋友请客

**A: 共同目标**
充实地度过学校生活

**C: 期望**
不会产生麻烦的根源

**D': 行动**
不接受朋友请客

这样遇到的困难是:
▪ 钱成了烦恼的根源
▪ 请客的朋友之后会说"我那个时候不是请客了吗"

另一种斜向关系也可以用同样的方式来提问。

**我**:"'不接受朋友请客'和'轻松愉快的回忆'难的原因是什么呢?"

**裕树**:"如果不接受请客的话,我的钱就没了。这样的话,我就买不起其他想要的东西了。"

这样写出来后，就知道这两种想法让裕树很烦恼。

- ☑ **接受请客的话，之后会被指使**
- ☑ **不接受请客的话，就买不到其他想要的东西**

我："如果接受请客的话，之后会感觉被指使是因为什么呢？有没有接受请客但是不被指使的方法呢？"

我："还有，如果不接受请客，感觉就买不了其他想要的东西了，果真如此吗？即使不接受请客，就没有能买其他东西的方法了吗？"

裕树："……"

我："有什么好办法吗？"

裕树没有马上回答出来。他决定把这个作为作业，下次见面之前考虑出来。

从与之前相反的观点来思考，不能马上给出答案是很正常的。这种情况下，让人思考一晚上是非常有效的。这时把整理好的云图交给他是关键，因为他可以一边看着图一边思考。

裕树再次和我见面的时候，做出了以下的回答。

裕树："花钱还是不花钱到底选哪个？如果朋友说'我请客'的话，我要事先传达'下次去哪的时候换我来吧'的意愿，对方了解的话，就可以避免之后自己被指使了。然后再加一个，如果接受请客了，马上告诉父母，要给那个孩子回礼的零花钱。"图13是矛盾解决后的云图。

**图 13** **矛盾解决后的云图**

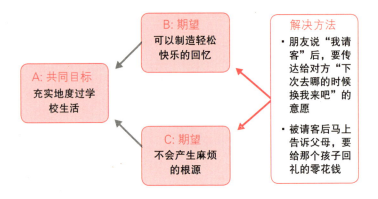

在这幅图中，没有对立的两种"行动的方框"。相反，右边的方框里写着两种能同时满足要求的解决方法。这是裕树自己想出的解决方法。

我想各位读者中也有不喜欢这个解决方案的人，因为最终还是要花父母的钱。说不定，在给的零花钱的范围内想办法享受快乐的生活，这样的解决方法也值得期待。我很理解那种心情。

但是，请不要担心。解决方案的内容质量，随着云图的使用会越来越高的。无论是学问、体育还是音乐，只要坚持下去水平就会提升。

如果有云图，就可以不用教训孩子或者强势地告诉孩子该做的事。相反，**孩子自己会考虑与朋友的关系、与父母的关系，为了自己幸福地过每一天，想出最好的办法。**既能考虑对方的立场，也能明确地知道自己的愿望，结果就会有创造性的想法。

## 用云图分析出孩子的期望

某母女之间有这样的故事。

为了完成工作，妈妈回到家的时间比平时晚。爸爸还没有下班回来，家里有一个6岁的女儿在看家。母亲回来后，女儿说："妈妈，今天我帮你做晚饭吧！"

母亲立马想了想女儿想要什么，便这样回答了："今天已经很晚了，妈妈来做饭，吃完之后一起玩吧。"母亲认为女儿一个人在家看家，可能是想和自己一起玩，就这样回答了。但女儿却不听，说："一起做饭！"

下一页的图14所展示的云图，是不正确的云图。因为女儿对母亲的提议一点都不满意。

实际上，云图的功能之一是会考虑到对方的要求和行动的意图。

如果女儿希望和妈妈一起玩而对她说"帮你做晚饭"的话，母亲的提议也会被接受吧。但是，如果女儿的愿望是"想变得会做饭"呢？晚饭后一起玩便不是解决的办法。

图14　妈妈要不要接受女儿的期望

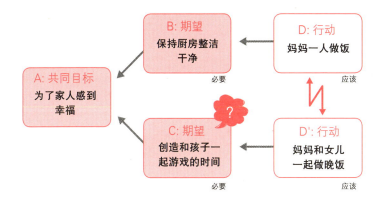

但是，女儿真正的要求肯定不是这样的。妈妈因为知道云图，所以不服气地问了女儿。

妈妈："想帮我做饭是吗？那样的话，有什么值得高兴的吗？"于是，得到了这样的回答。
女儿："等爸爸回来了，会夸我能好好地帮忙，真厉害！"

**"今天我帮忙做晚饭吧！"这句话的背后，有着孩子的"要求"和"意图"。只要养成这样思考的习惯，问题就会圆满地解决，想到好的方法，谈话也会变得更加开心。**

当然，像这个女儿的例子那样，也有推测不出来"要求"的时候。这时，直接问本人也是奏效的。

## 总 结　　使用云图时的检查重点

　　"云图"可以考虑对方的心情、自己的想法，解决行动和决定意见的对立，寻找创造性的解决方法。为了能在家里有效利用这个工具，在图 15 里总结了询问的顺序。

图 15　**使用云图时提问的顺序**

**1. 画云图的时候**

**填写符合（狗）和（猴子）情况的"对立行为"。**

- 要是采取（狗）的行动的话，会有什么高兴的事呢？
  →填入冰淇淋方框里。
- 要是采取（猴子）的行动的话，会有什么高兴的事呢？
  →填入（草莓）的方框里。
- (冰淇淋)的要求和（草莓）的要求都能达成的话，会有什么好事呢？
  →填入（流星）的方框里。

**2. 确认云图的时候**

**【4 个黑色标记】**

- 为了做到（流星），就必须做（冰淇淋）
- 为了做到（冰淇淋），就应该做（狗）
- 为了做到（流星），就必须做（草莓）
- 为了做到（草莓），就应该做（猴子）

**【3 个红色标记】**

- 做（狗）的时候不要同时做（猴子）
- 做（狗）的时候做（草莓）很困难
- 做（猴子）的时候做（冰淇淋）很困难

### 3.思考如何填写的时候

**【想出一个好主意】**

▪ 有什么好办法既可以做（冰淇淋）又可以做（草莓）呢？

**【3个红色标记】**

▪ 为什么（狗）和（猴子）不能同时做呢？
▪ 为什么做（狗）的话就很难做（草莓）？
▪ 为什么做（猴子）的话就很难做（冰淇淋）？

▪ 那有没有什么好办法呢？

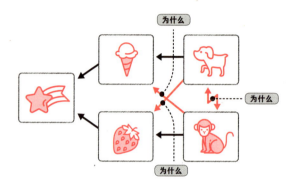

### 4.确认是否见效时

▪ 做（流星）时也可以做（冰淇淋），还可以做（草莓）吗？

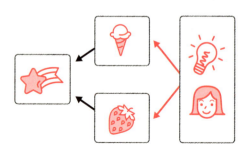

使用云图时，可能有"诶？不顺利吗？"的事情。这种时候，请试着确认以下 4 个要点。

### (1) 相互对立很明显吗

右边的"行动的方框"中填写的两个行动，是明显对立的吗？如果你无法准确找到对立的点，可以从以下①~④的模板中选择一个使用。

① "做 ×× vs 不做 ××"（搬家 vs 不搬家），词头相对立的模板

② "做 A vs 做与 A 相反的"（不做指示 vs 详细指示），行动相反的模式。

③ "选择 A vs 选择 B"（选择公立大学 vs 选择私立大学），作为规则只能选择其一的模式。

④ "优先做 A vs 优先做 B"（优先学习 vs 优先玩游戏），因为金钱和时间的限制，实际上不得不选择的模式。

### (2) 期望变成"高兴的事"吗

云图中写在"行动的方框"和"期望的方框"里的内容是有明确区分的，在积累足够的练习之前两者很容易混淆。所谓"行动"，是决定要做就能落实的行动。所谓"期望"，是发生了高兴的事，本身不是行动。

比如说，决定要做一项工作就能落实行动。另一方面，"有效地推进工作"，如果能达成的话会很高兴，但是现实是不能马上达成的(如果可以的话，早就应该做了)。也就是说，不是行动而是期望。

### (3) 能接受和同意共同目标吗

填入左侧"共同目标的方框"中的目标，是无论从哪种行动立场来看都可以、都能够达成共识的目标。

由于原本在行动层面上主张对立，所以不会有双方能达成一致的目标之类的感觉。因此，双方都能接受、达成一致的目标，大多是用一般的表达方式进行的。

把原本只不过是一方的要求的东西填入"共同目标的方框"里的话，读的时候会有无法理解的事情。在这种情况下，不妨设定一个更高的共同目标。

### (4) 要求和行动有很多的关联吗

云图虽然形成了，但是总是找不到解决方法的时候，"为什么这个行动很难满足要求呢"，试着确认一下是否给出了这样的理由。

如果出了一个理由就安心了的话，就不能从各种各样的角度看问题了。为了能从多方面怀疑并探讨现在的想法，可以列举出很多项目。

# 用云图建立一支强大的足球队

这是某个小学足球队的事情。

在与其他学校的比赛中，前锋选手得到了决定性的传球，但是他射门没有得分，错失了绝佳机会。队友们纷纷批评说"太烂了""不想再和你玩了"。这样球队的气氛一下子就差了，导致又不断失分。

我试着深入讨论这个问题，发现了有趣的事情。实际上，这个团队的全体成员都有在失误的时候被冷嘲热讽的经历。因为此事队员有了厌恶的心情，交流也变差，队伍的形象也一落千丈。

如果知道了不好的结局，就不要去责怪选手，不是吗？简单的事没有做到，肯定是有原因的。换句话说，在冷嘲热讽的言辞背后，是有想实现的期望的。

这个小组的所有成员聚集在一起，用云图制作了解决方案。

团队成员想要战胜强队。因此，认为即使出现失误，也要在比赛过程中立刻进行调整，并说"严厉的话"。另一方面，要想战胜强队，就必须保持队伍氛围良好。为此，即使出现了失误，也有必要用"别担心"这样温和的言语来安慰。

但是，用温和的语言是无法改正错误的。如果用刻薄的语言，球队气氛就会崩坏。接下来，我们一起考虑了可以同时兼顾这两者的方法。

然后找到了解决方案。如果有谁出现失误，首先会说"别担心"，提高球队的团结力。接着会说"接下来做什么？不要再重复同样的失误了"仅仅两句话，团队便养成了新的习惯。

这个方法收到了效果。现在，了解此方法的中学和高中足球部也开始普及。一场中学足球队的比赛结束后，对方的教练非常吃惊地问道："这是一支与3个月前的练习赛完全不同的球队。到底怎么做到的？"

# CHAPTER 3

# 从逻辑上思考事物的秘诀

利用分支图改善自己的行为

# 为什么无论说多少次都不懂

　　说一次，没有用。不得不两次、三次传达同样的内容。即便如此，孩子们的行为一点也没有改变。最后，"要说你几遍才能明白！"怒气爆发。你有过这样的经历吗？

　　即便是同一件事也要讲好几次，只要知道通过一次就能将信息传递到内心深处的秘诀，就能摆脱每天都不由得发怒的状态。

　　一方面，被告知不要去的话就会想去，被说不要做的话就会想做。我也明白孩子们对不知道的事情感兴趣，想体验一下的心情，也不应该被否定。

　　但是，想要避免可能对孩子们造成的危险和坏影响，大人们往往"禁止"做各种事情。

　　话虽如此，只是强行改变行动的话，常常无法传达真正的意图。要说为什么，那是因为孩子们没有经历过这些危险，也不明白家长的意图，所以被告知"不要做"的时候偏偏想做一下试试。因为没有体验过，即使家长说了，也只能理解极小部分的意图。

## 整理因果关系的分支图

　　怎么做才会像现在这样呢？如果采取了某个行动，将来会发生什么事情呢？有助于理解这些内容的思考工具就是"分支图"。

　　**它是整理原因和结果之间关系的工具，在纸上写一写就能知道因果关系的"事件图"。**

　　和云图一样，将方框和箭头进行组合使用。在云图中，有 5 个方框，但是在分支图上没有限定方框的数量。基本形状的组合，会有各种各样的大小和形状。

　　基本形状包括两个方框和一个箭头。将方框上下并排的时候，下方称为"原因的方框"，上面称为"结果的方框"（图16）。**然后从下往上读"如果是'原因的方框'的话，结果就是'结果的方框'"。**

　　就像"如果他在长长的台阶上疾跑，就会气喘吁吁"这样读。

**图16** **分支图的基本形状**

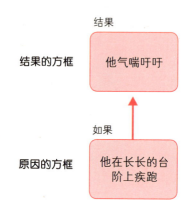

结果

结果的方框 他气喘吁吁

如果

原因的方框 他在长长的台阶上疾跑

　　根据情况,发生的结果也会成为原因,产生下一个结果。这种时候,就像枝条伸展着成长一般,把方框向上连接起来。

　　例如,如果他是因为气喘吁吁而想停止冲刺的话,如下所述。

　　"如果他气喘吁吁,结果他会放弃冲刺。"

　　话说回来,从大家的实际体验中,我觉得"在长长的台阶上冲刺的话,就会喘不过气来"的因果关系是真实的。

　　但是,"一旦气喘吁吁,就想停止冲刺"这样的因果关系并不适用任何人。因为可能会有意志力很强的人,或者超越自我的人。

这种时候，如果说明"他为什么想放弃呢"就能理解"也有这样的事情"。

将那样的"理由"的说明写在别的方框里。例如，可以把"没有什么值得忍受痛苦冲刺的大目标"写在理由的方框里。

然后如图17所示，从"原因的方框"和"理由的方框"分别指向"结果的方框"，用弧线连接两个箭头。为了这个连接而使用的符号，从形状上称之为"香蕉线"。

带有"香蕉线"的分支图可以补充"为什么"这个词来阅读。**如果是"原因的方框"的话，结果就是"结果的方框"。"为什么"的话就是"理由的方框"。**

**图 17**　　**理由的方框 ——"香蕉线"分支图**

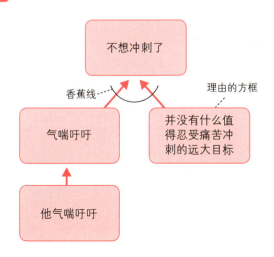

　　"如果他气喘吁吁，结果他会放弃冲刺。因为对他来说，没有一个能够带着痛苦冲刺的大目标。"

　　像这样，根据需要添加"理由的方框"，读的时候修改成满意的样子。

　　用"原因是……"写好了分支图之后，也有可能在意自己填写是否准确。

　　这种时候，把"原因的方框"和"理由的方框"用"并且"连接并试着读一下，然后确认是否正确写好。**如果"原因的方框"并且"理由的方框"，就能得出"结果的方框"。**

　　"如果他气喘吁吁的，并且对他来说没有一个能够带着痛苦冲刺的大目标，那么他就想放弃冲刺。"

　　如果试着以"并且"读的话，这种情况会比较合适。

　　**准确填写的分支图，用"并且"代替表现"原因"的部分，可能更适合。**

　　像这样将信息一个一个地连接起来做成指示图，就能从逻辑上考虑到底发生了什么(看起来像是发生了什么)，以及为什么发生。

## 裕树被便衣警察指导

　　裕树是中学里被称为"5人组"的成员之一。这5个人在校内也是很有名的调皮鬼，动不动就坐在校长室的"挨骂沙发"上，并被一起说教。

　　那天，"5人组"也坐在"挨骂沙发"上被斥责了。前一天晚上，他们被便衣警察从学校附近的繁华街带到了学校。

　　事情经过是这样的。

　　放学后那5个人一起上了补习班。补课结束后走在回家的路上，有人问了句："喂，知道夜总会在什么地方吗？"

　　"不知道。那我们去看看吧！"

　　在繁华街头转来转去的时候，便衣警察发现了他们。

裕树被警察带走，在家也被管教，学校要求他反省。这件事我也听说了。但是，裕树本人却反问道："又不是偷了东西，也没有伤害过谁。到底哪做得不好了？"

从大人的角度来看呢，我都是用时间和精力来指导孩子的，但是却没有给孩子们传达正确的信息，所以可能会让他感到愕然。

请注意在接下来的对话中，如何制作事件图，怎样让裕树真正理解社会规则。

## 与裕树一起制作事件图

首先，我向裕树询问了事实关系。

**我说**："警察、学校、家长都厉声斥责你了吧？我不打算说'那样是坏的''这样不行'这类的话。我们一起思考一下发生的事吧。题目就是"为什么被便衣警察训导"，那么我们就从补课结束去繁华的街道开始吧！开篇就是"学生去繁华街道"。学生去繁华街道会发生什么事情呢？"

**裕树**："遇到坏人。"

**我说**："原来如此。警察告诉我们闹市里有坏人了。我们去闹市 10 次，这样，我们也能遇到坏人 10 次吗？"

**裕树**："嗯，不知道什么时候会遇到。"

**我说**："是啊。也就是说，虽然像往常那样，但也有可能遇到坏人。学生遇到坏人，结果会怎么样呢？"

裕树："被坏人骗了？"

我说："也许是的。遇到坏人的学生里总会有被坏人骗的吧。这是为什么呢？繁华街道大人很多，我觉得学生很容易骗，大人是很难骗的吧？"

裕树："我认为那是因为学生不了解社会。"

我说："比如，不了解这个社会的中学生有裕树你们的'5人组'吗？"

裕树："对啊（笑）。"

我说："如果有学生被坏人蒙骗了，结果会发生什么样的事情呢？"

裕树："被绑架、遇到危险之类的事？"

我说："是啊。被绑架、遭遇危险的概率很高。你觉得这是为什么呢？"

裕树："嗯，我不太清楚。"

我说："OK，那就这样想吧。从家到车站，坐电车，到放学回来，你应该会遇到很多人吧？其中有多少警察？"

裕树："一两个人？"

我说："警察确实没有那么多。不过，警察的工作是保护城市的安全，警察在哪里，哪里就最安全，也就是说，越有危险的地方，警察越多。可是，对于想做坏事的人来说，如果警察在眼前该怎么办呢？肯定不会在警察眼前做坏事吧。我想应该等到警察消失。相反，警方想抓住坏人的时候，如果穿制服巡逻，被坏人警戒起来就没机会了。因此，也有穿着便服的警察。就是穿着便服的警察来教导裕树的，对吧？"

**裕树：**"嗯，是的。"

**我说：**"这是非常危险的地方啊。没有那么多数量的警察来保护所有的学生，被警察教导就不是偶然的了。真的是危险的地方，警察才特意穿着便衣来的。"

那么，我们继续刚才的话题。学生被绑架或遭遇危险的可能性变高的话，会发生什么呢？

**裕树：**"部分学生真的被骗了。"

**我说：**"那如果真的被骗了，会发生什么事呢？"

**裕树：**"朋友、父母和周围的人都很悲伤。"

**我说：**"还有吗？"

**裕树：**"被骗的自己也很难过。"

**我说：**"如果朋友、父母和周围的人都感到悲伤，被骗的自己又该怎么办？"

**裕树：**"最好不要去有坏人的地方。"

**我说：**"为什么？"

**裕树：**"因为不想让任何人感到难过，也不想让别人这么做。"

这样就整理出了图18的事件图。

**图 18** **和裕树一起制作的事件图**

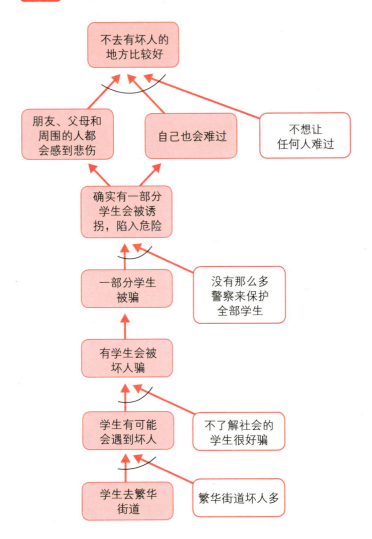

---

## 分支图也有打动人心的力量

---

在这个对话中，没有一句"不可以那样做""这是规则"之类的话。**孩子也有充分的思考能力、了解规则的能力、判断自己行动的能力**。

有不知道的事情，只要将这些补充上去就可以了。

比如，"警官多的地方可能很危险"，我们听到这话也许会认为这是常识，但这并不代表孩子会知道。所以，我才会告诉裕树这件事。

另外，**父母要考虑的是，一边做事件图，一边在日常范围内领先一步思考问题**。

有坏人想行骗的话马上就会知道。**"那样的话，会发生什么事呢？"**这样的问题，能培养孩子们领先一步思考的能力。

其实裕树想到自己和周围的人都会难过，当被问到这个问题的时候才意识到不想自己和"5人组"的同学发生这样的事。

分支图是即使在因果关系内也能掌握每个联系的逻辑工具，"朋友、父母和周围的人都会难过""自己也难过""不想让任何人难过，也不想让别人这么做"，得到这些信息，心里会有压力。

正因为如此，一旦理解了就会改变。家长也没有必要发火大喊"说了多少遍了"！

从那以后，裕树再也没被叫到校长室坐"挨骂沙发"了。

和裕树一起做这个分析的时候，我想起了我上小学的时候。

暑假前学校发送的通知中写着"不要去厨房或游戏厅"。但是，没有写为什么不可以去。不知道去了会有什么不好，心里反而都是去了时的兴奋、刺激以及向未知的事物挑战的成就感……

因为是规定所以不做，因为是规则所以遵守。分支图让我意识到仅仅这样是无法被接受的。

## 对 4~5 岁的孩子也有效果的分支图

我想在大家之中，孩子还是幼儿和小学生的人也很多。

实际上，即使小孩的年龄再小，也可以用分支图一起来思考。**由分支图在全球范围内的实验得出结果，分支图对 4 ~ 5 岁的孩子就已经有效了，甚至还可以用其制定幼儿园的教育课程。**

让我来介绍一下母亲和上幼儿园的孩子的案例。这里假设孩子就叫 M 君。

母亲和 M 君去了家庭餐厅，孩子吃午餐还得到了小玩具。M 君非常喜欢那个玩具。吃完饭回家的路上，还紧紧地握着。

母亲和 M 君回到公寓时，在门口遇到了 M 君幼儿园的朋友 K 君。

"不错吧!"M 君把手里的玩具给 K 君看了。

K 君好像也有兴趣了，"借我!"

但是让我吃惊的是，M 君竟然这么说："不要!"

K 君哭了。

M 君的母亲看到很生气，"给他!"

最后 M 君也哭了。K 君和妈妈正准备要出门，想办法分开了正在哭泣的孩子们。

我都能想象出回家后母亲说教的样子：

"为什么不给他?"

"如果不想给的话，就不要给他看!"

但是，这位母亲选择了用分支图和 M 君交谈，而不是说教。

"M 君拿到了自己喜欢的玩具对吧? 然后你遇到 K 君了吧? 接下来呢?"

"把玩具给他看了。"

"对啊，我看到 K 君也想玩那个玩具， K 君看到玩具后说了什么?"

"借我。"

"是啊。那么，M 君说了什么?"

"我说不要。"

"是啊。所以 K 君哭了。"

这样的故事形成了一个如图 19 所示的分支图。

"对了，M 君想让 K 君哭吗？"

"不想。"

"是啊。那我们来想一想吧。K 君是怎么说的呢？"

"那是我的玩具。"

"嗯，是 M 君的玩具对吧？ K 君想借的时候为什么不愿意呢？"

"如果借给他的话，他就不还了。"

"这样啊。那么，如果能还给你的话，可以借吗？"

"嗯。"

"那再考虑一下。M 君拿着特别喜欢的玩具，这个玩具是 M 君的，借出去希望对方归还，对吧？然后 K 君是你很重要的朋友，我们不能让好朋友哭，是不是？如果 K 君再借玩具，你应该怎么办呢？"

图 19　**妈妈和 M 君一起做的事件图**

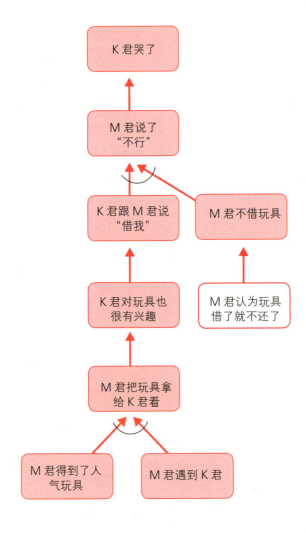

　　这时重点是一边看着分支图一边说。

　　"可以给他玩一会儿。不过，他要还我的。玩坏了的话就不要玩了。不要给别人看，自己一个人玩。"

　　孩子们真的想到了这个答案：借给你玩一会儿吧，但是坏了的话就糟了。

　　所以，如果担心坏了的话就拿出对策吧。

　　"借给你，但别给别人看！"孩子们自己考虑的比父母直接指示的更有效果吧。而最不好的处理方式是，**父母下达指示、命令，实际上剥夺了孩子自己思考、解决的机会。**

| 总 结 | **提高逻辑性的事件图的制作方法** |
|---|---|

　　总结分支事件图的制作方法和读法。

　　分支的组成部分有方框、箭头和香蕉线。用这些组合就可以自由地表示事情的"因果联系"。

　　例如，下一页的图 20 所示，分支事件图可以有各种各样的形状。

　　听着孩子的故事做分支图的时候，可以按照下面的顺序来做。

　　一边对话一边对发生的事和动作做一个方框，一个方框相当于一张便笺。

图 20　**分支图的各种形状**

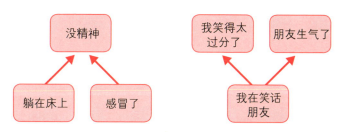

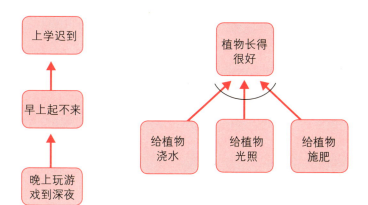

**(1) 把孩子的话记在便笺上面**

在考虑原因和结果之间联系的同时，把孩子的话记在心里。

**(2) 把便笺从下至上排列**

分析已经发生了的事**"那之后怎么样了"**的时候，按照时间顺序，将发生的事情和行动一个接一个地写下来，从下面开始排列。

如果在考虑接下来可能发生的事情，你可以问：**"你认为接下来会发生什么？"**把今后可能发生的内容按时间顺序记下来，从下至上排列。

**(3) 确认写得是否正确**

**"如果……的话，结果就会……对吧？"**一边读，一边和孩子一起确认。

如果同意，读过的两个方框是用箭头表示的。

没有关联的时候，不要拉箭头，让它保留下来。

然后，加上"为什么"就能说明因果了。追加"理由的方框"的时候，已经写在便笺上的东西如果有变动，必须重新写。

**"如果是……的话，为什么结果是……呢？这样合适吗？"**这样的话，得到孩子的同意后，把读过的3个方框用箭头和香蕉线连起来。

应用的场合主要有两个。一个是像便服警察训导的例子一样，回顾过去的事情，从中得到学习。另一个是深入探讨今后将实行的想法，提高成功率。

一边使用前面提到的三个步骤，一边在各个场合应用如下。

**< 应用实例 1 > 当你想从过去的事情中得到学习时**

① 把想要回顾的内容写在便笺上。把它贴在纸的上面。问题例子："我们谈什么问题？"

② 确定与那个内容相关的最初的事情，并在便笺上写下来。把它贴在纸的下方。问题例子："最先做的是什么？"

③ 使用上述三个步骤来完成分支图 ( 图 21 )。

④ 看着已完成的分支图，讨论从中得到了什么教训。提问例子："把发生的事情连接起来，发现了什么？"

图 21　　**回顾学习的分支图**

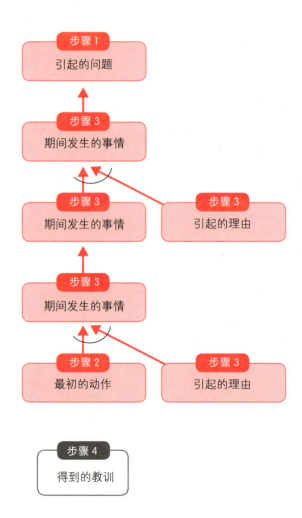

**< 应用实例 2 > 当你想要提高你想法的成功率时**

① 把现在想要做的事情（结果）、想要做的想法（原因），以及想要实现的想法整理成分支图（图 22）。

② 思考在实行这个想法时可能发生的障碍，并记在便笺上，从原因开始用箭头联系起来。问题例子："如果你真的实行了这个想法，有可能会发生什么不好的事情吗？"

③ 关于前面提到的"可能引起的问题"，确认其发生的理由，写下来。问题例子："你觉得这是为什么？"

④ 按照计划发展，避免发生可能发生的问题，修正并改善最初的想法。提问例子："有什么好办法可以解决这个问题吗？"

**图22** **完善想法时的分支图**

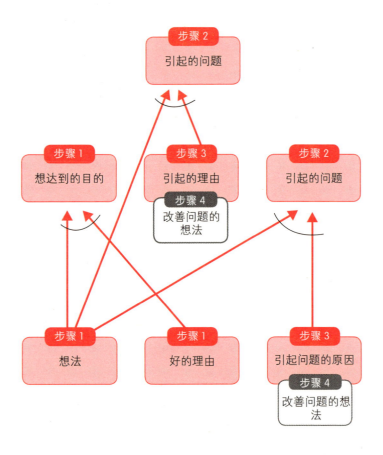

COLUMN
3

# 用分支图管理上课秩序混乱的小学生

某孩子上小学的班级发生了学级崩坏（日本的一个社会现象名词，通常指的是日本中小学发生的情况。学级指的是班级、年级。采用"学级崩坏"这种命名是为了让大众深刻意识到事态发展的严重性。这个词指的是"孩子们在教室里随意行动而不服从教师的指挥，授课无法进行等情况"）。和几个朋友一起，用分支图思考了为什么会发生这种情况，怎样才能恢复呢？

班里有学习能力很差的学生。一旦出了问题，一部分老师往往会认为是"那个学生的错"。这样的话，那个学生会被毫无根据地批评。另外，其他同学也会看不起这个孩子，学生之间的矛盾也会增加。

一旦发生问题，周围的老师和父母就会想到调查事实，但是事情不会顺利进行的。学生不想被老师和父母责骂。老师也不想被家长们责骂。因为有这样的心情，所以不全部说事实，或者按照自己的情况去解释。

结果，相互不信任和毫无依据的决定蔓延，修复已崩溃的班级变得越来越困难。之后大家都处于"生气"的状态，就无法再着手了。

小学生想到了解决这个问题的方法。

① 在班级会上，大家试着制作"生气会怎么样"的图（分支图）
② 和老师、父母建立信任
③ 先想再行动
④ 有时因为做了错误的事情，在被斥责之前先道歉

这样做的话，"大人也明白了不要生气比较好""请给我说话的时间，大家互相体谅""发生之前可以先预测到""尽量不要发脾气"成为现实，没有纷杂的事情，孩子就可以在学校度过开心的时光。

这样一来，如果发生学级崩坏的话，家长、老师、教育委员会就会进行各种讨论，考虑对策。但是，教室的主角仍是孩子们，他们也想好好地进行校园生活。而且，他们已经具备了能够想出很好的解决方案的能力。

CHAPTER 4

# 提升学习效率的秘诀

利用分支图在快乐的学习中提升成绩

# "背诵"是升学中必然遇到的坎吗

从小学到大学，花费那么多时间学到东西到底有没有意义呢？还是说有什么比学习更重要的事？这个问题应该仁者见仁、智者见智吧。

没有大学毕业的话，即使有想做的事情也很难得到尝试的机会。当然也有例外，但主要还是被学历左右。考虑到这样的现实，"希望自己的孩子能大学毕业，拓宽未来的可能性，如果可以的话，希望他能考入重点大学。"我非常理解父母这种望子成龙的心情。

另一方面，对孩子来说学习并没有那么愉快。为了回答正确答案而学习，或者死记硬背知识和问题，更不知道对自己的将来有什么帮助。

我自己也曾参加过大学考试，回顾过去，为了找出问题答案而绞尽脑汁思考的经验是很有帮助的。相反，为了考试，用毅力背诵只读几页就会困的科目内容的经验没有什么帮助。

实际上，很多孩子对于学校的课程以及考试会有以下想法：

☑ 不想进行这种不感兴趣的学习"苦行"

☑ 完全不能为了考试而死记硬背

☑ 希望快乐地、自发地学习

☑ 如果逐步理解并提高成绩就好了

如果有能够实现这种想法的学习方法，你不认为对孩子和父母都有意义吗？

其实，用上一章介绍的"分支图"，就能把教科书里的"原因"和"结果"联系起来，不死记硬背也能记住。

请一定和孩子一起试试这种能活用于所有科目的学习方法！

## 使无聊的学习变成好奇心的图解笔记

　　裕树小学没去上学。初中时全部主科都要补习和补考。客观地看，他的临时记忆（短期内把信息留在大脑的能力）的检查数值相当低，并且他会因不擅长背诵而花很长时间。

　　虽然在努力学习，成绩却在 120 人的年级里排在 100 名以后。"功夫不负有心人"这样的说法并不适用所有人。因为已经努力了，再说"加油"的话，反而会把他逼到绝境，使之为难。

　　那么，就因为"不聪明所以学不会""记忆力不好所以学习成绩不尽人意"便放弃了吗？教裕树学习方法之前，必须将这种放弃的心情转换成"也许能实现"的积极心情才行。

　　虽说如此，因为没有学习成功的经验，所以实际上并不简单。于是，一开始我们先对考试结果进行分析，思考作战方案。

我发现了有趣的事情。裕树考试只得了 20 分，但出现类似问题的补考时却获得了 80 分。

这是很好的提示。

如果大脑有发育障碍，学习能力本身就不行，那么不管是正式考试还是补考，同样的问题应该都不会解才对。反过来说，如果接受补习、反复练习就能得分的话，说明应该是有学习能力的。

换句话说，如果掌握有效的学习方法，花足够的时间学习就能得到相应的分数。当时裕树还不知道有效的学习方法是什么，所以无法跟上学校的上课进度，考试成绩也不好。

那么，裕树是怎么在学习方法上下功夫的呢？与之前的不同是他运用了"分支图"。

**把原因和结果联系起来的话，记忆力会惊人地提高。**人名、年号、公式、数字、新概念、知识的组合……这样可以将他从死记硬背的痛苦中解放出来。

请想想大家小时候读过的童话故事吧。比如《桃太郎》（日本家喻户晓的民间故事），时间过了很久还能记住故事的梗概，是因为信息和故事连接在脑海里。**"故事化"在学习中也是可以运用的，要点是以分支图的形式总结成笔记。**

让我们来看一些课程中运用的例子。

## 社会 **整理日元升值、美元贬值的思考方法**

　　在下一页的图23中，总结了日元升值美元贬值的思路。正如第3章说明的那样，"如果……的话，结果就可以变成……"

　　举例来说，该图最下面的联系是"如果从'1美元 = 120日元'变成'1美元 = 100日元'，那么就是美元贬值"。如果把美元当成是超市里卖的蔬菜的话，就会准确地理解"贬值"这个词意。

图 23　**日元升值、美元贬值是怎么回事**

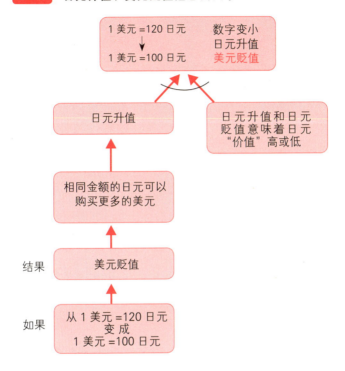

接下来也一样。

"如果美元贬值，那么同样金额的日元就能买到更多的美元。"

"如果用同样金额的日元买到更多的美元，日元就升值了。"

接下来，从两个原因产生一个结果的时候，就要用到"并且"。

"如果日元升值，并且日元升值和日元贬值意味着日元的'价值'高或低，那么像'1 美元 = 120 日元'到'1 美元 = 100 日元'，数字变小的话，就是日元升值、美元贬值。"

如果是现代社会课的老师，就能很好地说明这个概念。但是，即便感觉一听就懂的事情，也会有不少人在刚听到的时候感到惊讶。那是因为不知道信息之间的因果关系。

这样**将因果关系整理在笔记本上，就会一步一步地追踪，便于理解、强化记忆。**另外，因为明确了哪个部分不能理解，所以在提问的时候也能清楚地说出"这个部分不明白"。

不会学习的孩子，表达他哪里不懂的能力也很弱。这样日积月累的话，就会变成"社会科目学不懂""不知道老师在说什么""××的时间好无聊啊"。

使用了分支图的图解笔记的话，可以简单地明确要点，最终理解不懂的地方。

> 理科　　**为什么海水都是咸的**

　　理科的学习内容是在"为什么"的宝库中了解其中的乐趣。

　　如果问道"为什么海水都是咸的"，每个人都觉得理所应当吧？事实上，要准确回答出来并不简单。

　　但是，只要阅读一遍图 24，就能记住很长一段时间。

　　我们马上去看看吧。

　　"如果岩石或石头中含有少量的盐，而且如果岩石或石头所在地下雨，那么岩石或石头中含有的少量盐分就会溶解到雨水里。"

　　"如果岩石或石头所在地下雨的话，雨水会集中到河里。"

　　"如果岩石中的盐分溶解到了雨水中，并且雨水汇集后流入河川的话，河水便会含有盐分了。"

　　"如果河水含有盐分，并且河水流入大海，那么海水的含盐量便会增加。"

　　"如果海水的含盐量变高，并且海水蒸发，海水的盐分浓度就会增加。"

　　"如果海水蒸发了，就会形成云。"

　　"如果形成云的话，结果就是有石头的地方会下雨。"

图 24　**为什么海水是咸的**

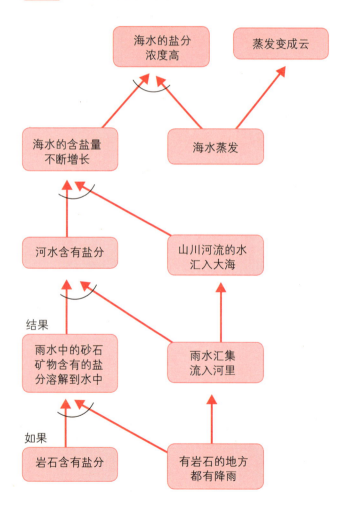

　　这个分支图中有从下到上的箭头。这表示下雨，水从河往海流，形成云，又下雨的循环。如此循环往复，海水的盐分便逐渐变浓了。

　　回答了"为什么海水是咸的"这个问题，我们对地球的气候这个更大的主题也有了较深的理解。像这样明确了解了"为什么"的话，对知识的兴趣也会不断高涨。

　　仅仅用一页图和寥寥数字就能说明不太容易让孩子理解的自然现象，不是很惊人吗？

　　这比看好几页冗长的解说，更容易理解。因为**在文章中只能自己解读信息之间的联系，但在分支图里可以用箭头来梳理因果的关联。**

## 数学　**根据题目列方程式并解答**

　　在下一页的图 25 里，我摘录了中学数学里经常出现的题目。学校学习内容越难，父母就越难以帮助孩子。而且，即便自己理解了问题，也会出现没办法给孩子讲明白的情况。

　　孩子迟早都要自己分析和解决自己的课题，这种时候也可以用分支图。

图 25　　**使用方程式解答下题**

> 　　列车以一定的速度通过长 700 米的铁桥
> 需要 40 秒，这辆列车以同样的速度通过长
> 2 500 米的隧道，从完全驶入到列车头驶出
> 隧道需要 120 秒。求这列列车的长度和速度。

　　汇总了本题解题方法的是图 26。

　　由于方框的数量很多，所以没有全部阅读，但是请看图中"第一次行驶 40=（700+x）/y""第二次行驶 120=（2 500−x）/y"这两个方框。

　　这两个方框下面的部分，是读题和列方程的运算步骤，两个方框之上的部分，实际上是列好的方程式求解的计算步骤。

　　同时，方框最下面不是文字而是用图来表达的。使用图解笔记的目的是为了更容易地分析信息之间的因果关系。**方框里的内容是用文字还是图，根据时间和场合选择使用就可以了。**

**图 26** **使用方程式解答下题**

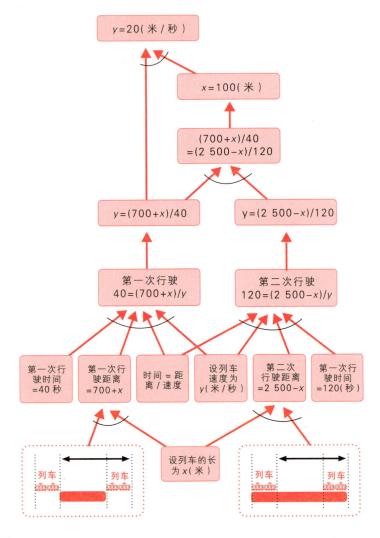

顺便一提，这次提出的问题中，没有规定答案的单位，不过一般来说，列车的速度常用"时速多少公里"来表示。在分支图中，答案以"米／秒"为单位，所以在完成分支图的过程中，请将"秒速"换成"时速"。

# 裕树进入尖子生排行榜

裕树想要用分支图努力学习，但是遇到了障碍。

当时，裕树所有的主要科目都接受了补习。学校的课一结束就要补课到很晚。而且，那几天之后有补考，要抓紧时间抱佛脚。本来就不是很善于学习，准备补考的话，确保完成今天的作业和未来考试是很困难的，或者说在当时的状况下是不可能实现的。

可以预见，这样下去，下次考试也会全部变成补课和补考。

于是，裕树毫不犹豫地做了决定，即使有一科不补考也好。

如果能做到这一点，就能证明"不得分不是大脑不发达的原因，也不是大脑不好的原因"。而且，如果补课和补考减少一个科目的话，那个时间就可以用来准备未来的考试了。

因此，我决定先选择"社会"科，然后集中学习。

结果，裕树的社会课成绩在年级中名列前茅，取得了在校内公示名字的好成绩。让人吃惊的是，裕树的母亲给学校的老师打电话，拜托他们把成绩优秀的学生名单拍照发给我，真是让人震惊的事情。

后来，数学、英语……我们用了同样的方法，最终我们实现了零补习。

**总 结**　**所有科目都可以使用的信息整理法**

　　任何科目都适用的信息整理法，其实只是 3 个基本模式。接下来我将这 3 个模式进行组合，总结成图 27。

图 27 **分支图的 3 个基本模式**

**< 模式 1 >**
**原因 1 个、结果 1 个**

**< 模式 2 >**
**原因 1 个、结果 1 个、补充说明**

**< 模式 3 >**
**原因多个、结果 1 个**

### < 模式 1 > 原因 1 个、结果 1 个

　　读法："如果（原因）……的话，作为结果（结果）是……"

### < 模式 2 > 原因 1 个、结果 1 个、补充说明

　　读法："如果（原因）……的话，作为结果就是（结果）。为何如此（理由）。"

### < 模式 3 > 原因多个、结果 1 个

读法："如果 ( 原因 )……并且 ( 原因 )……的话作为结果 ( 结果 )……"

应用的场景主要有两种：一种是，想要理解教科书里信息之间的联系；另一种是，想推测字里行间 ( 没有写出来的心情、意图、背景 ) 的意思。

在各个场合下，使用下述的方法。

### < 应用实例 1 > 想理解信息之间联系的时候

① 把书里的关键信息写到便笺上，一张便笺写一条信息。

② 在用①写的便笺中，选出自己认为最先发生的事情，贴在纸的下方。

③ 使用因果关系，然后按照顺序把再发生和再再发生的事情，用便笺由下至上贴好，把故事连接起来。示例问题："结果引发了什么？"

④ 补充上"如果……的话，结果就会……""如果……的话，结果就会……这是什么原因呢？"这样的句型读一下，然后加上欠缺的信息，来完成分支图。

**＜应用实例 2＞想推测字里行间意思的时候**

　①～③与＜应用实例 1＞相同。

④　从下面开始按顺序将两张便笺作为一组，开始问道"如果是……的话，作为结果变成……你觉得是为什么呢"，再把理由写在便笺上，贴在＜原因的方框＞的右边。

⑤　几个人做这项工作时，分别试着解读自己制作的分支图，交换意见，便于更好地指导考察。

# 利用分支图的图解笔记避免留级

这是全部时间都投入到剧团活动中的一名高中生的故事。

他每天练习到深夜，到家太累了倒头就睡。早上起不来会迟到，在教室里神游到中午。虽说下午来了精神，但课堂上的内容还是听不懂。放学之后又去参加剧团活动。

一直以这样的状态生活学习，成绩不好也不足为奇。第1学期、第2学期的考试都不及格，甚至第2学期的期末考试，百分制的数学卷子得了4分，成了班级的倒数。第3学期开始的时候，老师告诉他再这样下去的话要留级了。

我成了他的教练，离第3学期的期末考试还有6周。1次2小时、每周2次的指导课总共也只有24小时，导致留级的科目有数学、物理、化学、世界史4科，那么分到每一科的时间也就是6小时。考试范围是每本教材大概50页，需要100小时。

然而他想成为演员，坚决不肯停止剧团活动。

他在便笺上写着"不能停止剧团活动""需要100小时，6小时完全不够"，试着提问"怎么做才好"。实际上，这是他的问题，只有他才能给出最好的答案。

其中一个想法是"期待着幸运降临"，另一个是"认真听讲"。考虑到大部分问题都出自课堂内容，后者将成为特效药。但是也存在问题。由于完全不会学习，所以即使听了课也可能无法理解。因此，我教授他一边听课一边用分支图记笔记的方法，在分支图不能顺利进行时，准确问出不明白的地方。

明确了不理解的地方再提问的话就能得到准确的指点，然后理解。这样就可以提高理解力，提高考试分数。如果是习惯于睡过头的学生突然听课、记笔记、发问，留给老师的印象也会戏剧性地变好。这样分数也会大幅提高。总结了这种避免留级的战略分支图，"这样的话能行！"他的眼睛闪闪发光。之后，他避免了留级，现在顺利地高中毕业了。

# 达成宏大目标的秘诀

利用远大目标图实现梦想

# 继续追逐梦想还是接受现实

正如克拉克博士（美国人）所说的"少年要胸怀大志"，大人们都希望孩子有远大的理想。在幼儿园和小学也会写关于"将来的梦想"的作文，让学生发表。

一方面，很多孩子的梦想随着年龄的增长而变得渺小。比如，拥有将来在皇家马德里队效力的梦想而喜欢足球的小学生，高中毕业的时候知道了自己的实力，梦想可能会变成"想在工作的同时成为当地少年足球队的教练"。

这是现实的选择，也是出于生活幸福的概率会高一些的考虑，所以做出了这个决定。父母也会支持你的决定吧。

也就是说，我们一方面希望孩子有梦想，另一方面也希望孩子能有现实性。因为不想看到孩子挑战不现实的梦想而遭受挫折。

那么，"现实路线"才是真正的生存之道吗？

总有一天会不得不放弃梦想吗？

如果没有梦想的话，绝对无法如愿以偿。如果没有成为职业足球选手的梦想，就不可能成为职业足球选手。这么一想，拥有远大梦想很重要。

远大梦想很重要，现实也很重要。但是，实现梦想的人很少。

**借口越多越容易失败。**每次失败的时候，脑海里就会刻入"即使挑战也会失败"的想法，再设定目标时就会以"不会失败的程度"来设定了。如果这样还不能顺利进行，便会产生"无论做什么都不行"的心情。最后变得无法追逐梦想。

我不希望自己的孩子陷入这样的状态。

那么在本章中，我们将介绍实现梦想的最佳思考工具，这就是"远大目标图"。

**如何达成难以实现的目标呢？高德拉特博士考虑到这个问题，为了实现目标准备了这个思考工具。**

使用远大目标图可以具体地了解如何设定远大目标，实现这个目标有什么障碍，如何克服这些障碍。然后，通过使用接下来介绍的 5 个步骤，就能实现描绘的梦想。

# 为达成目标的 5 个步骤

使用远大目标图实现目标的步骤有以下 5 个：

① 用具体的语言确定远大目标

② 把阻挡在目标前面的障碍列成表

③ 确定克服障碍前的中间目标

④ 按照制定中间目标的顺序排列

⑤ 确定达成中间目标的具体行动

现在举实例说明各步骤的使用方法。这是在 120 ~ 121 页的专栏里介绍的以职业演员为目标的高中生的故事。

这个高中生每天放学后去剧团，每天练习演技。对未来想成为演员的他来说，能在电影或者电视剧中得到角色的最好机会就是面试。但是，面试却很难。

我和那样的他，根据达成目标的步骤进行了谈话。

### ＜步骤 1 ＞确定远大目标，形成具体的语言

首先，写出想要实现的梦想和目标。因为目标小的话就没有成就感和成长，所以推荐写一个有"野心"的远大目标。

**我说：** "如果能做到就最好不过了，这样的梦想和目标是什么？"

**他说：** "我得到了电视剧的角色，然后出现在电视上。"

**我说：** "是啊。如果能出现在电视上，的确是很好的。对了，如果能出现在电视上一回，就能满足吗？如果想把演员作为职业，就得继续工作对吧？"

**他说：** "是啊。如果再多考虑一些，我的目标就是成为一流演员。

### ＜步骤 2＞列出阻挡在目标前面的障碍

目标越大，达成这个目标的障碍自然也越大。试着写出能想到的妨碍目标的障碍。如果事前就知道了障碍，那处理方法会变得明白许多。

在第1章中介绍了可以引出对方故事的对话的秘诀，"遇到困难时，说话变得圆滑"，在这里也使用同样的方法。

**我说：**"那么，为了'作为一流演员而活下去'的目标，现在什么事情成了障碍呢？"

**他说：**"首先，不被人关注。还有就是不能通过面试。"

**我说：**"嗯嗯，还有别的吗？"

**他说：**"不擅长的角色演得不好。而且，现在是高中生，被父母抚养，不过我很担心将来不能靠演戏来养活自己。"

### ＜步骤 3＞确定跨过障碍前的中间目标

跨越某种障碍之前有中间目标。事先设定好这个，就能容易达成远大目标。**虽然各种障碍应该有相关的中间目标，根据场合有时一个障碍有多个中间目标，有时其他的障碍和中间目标也有共同点。**

我说：　"那么，让我们一起来看一下你所列举的障碍。解决"不被关注"这个障碍之后，变成怎样的状态你会高兴呢？"

他说：　"当然想受到关注，但我不想让媒体报道，我希望自己终能成为演技派演员，被大家所熟知。"

我说：　"目标是成为具备实力的演技派。那接下来，克服试镜不通过的障碍，变成怎样的状态你会高兴呢？"

他说：　"试镜也好，不试镜也好，我都想抓住机会。"

我说：　"不擅长的角色没能演好，你怎么考虑的呢？"

他说：　"我想我能演的角色范围能扩展就好了。"

我说：　"最后，将来会有吃不起饭的时候对吧？什么才是理想状态呢？"

他说：　"饭倒是能吃，但如果能够被邀请去工作的话最好了。"

　　实际上，一边对话一边总结成表1那样的表格会很方便。在右侧"行动"那一栏中填写行动。

**表 1**　**确定跨过障碍前的中间目标**

**目标：成为一流的演员**

| 障碍 | 中间目标 | 行动 |
|------|----------|------|
| 不被关注 | 作为演技派演员被大家所熟知 | |
| 通不过试镜 | 通过试镜 | |
| 演不了不擅长的角色 | 可以扮演的角色范围变广 | |
| 吃不上饭 | 有被指名邀请的工作 | |

## < 步骤 4 > 对中间目标进行排序

确定步骤 3 中所示的中间目标的顺序。**每个中间目标都有完成的时间，而如果你没有达到某个中间目标，那么你就不能达到另一个中间目标了**。考虑了那些之后，我们做了决定。

**我说：**"最先考虑目标，把列举的中间目标写在淡蓝色的便笺上。我认为这个目标是有达成顺序的。考虑按照怎样的顺序去做，首先把目标的便笺贴在最上面，考虑'成为一流的演员之前，必须要先做好哪些准备'，你觉得呢？"

**他说：**"我认为，在成为一流演员之前，首先应该成为演技派演员。"

**我说：** "对了，就是这个样子。那么，在成为演技派演员之前，应该完成什么呢？"

**他说：** "被指定工作。但是这跟可以扮演的角色范围有关。"

**我说：** "无法决定先选择哪个的话，同时选择两个也没有关系，但一定要这两个中间目标是可以同时挑战的。被指定工作的中间目标，能扮演的范围正在变广的中间目标，这两个目标达成的话，我们就可以向下一个成为演技派演员的中间目标发起挑战了对吧？"

通过这样的对话，最终排好了中间目标的顺序，整理成了远大目标图的图 28。给人一种从下面开始一步一步向上攀登的印象。

从图 28 可以看出，"获得机会"和"拓展能扮演的角色范围"的中间目标中，没有之前的中间目标。也就是说，**这两个是我们现在应该着手的事情，其他的目标现在还没有着落。**

这样，明确了达成目标的步骤的话，清楚"现在该做的事""现在不在做的事"，作为结果集中精力去做应该做的事。

**图 28**　**达成远大目标图**

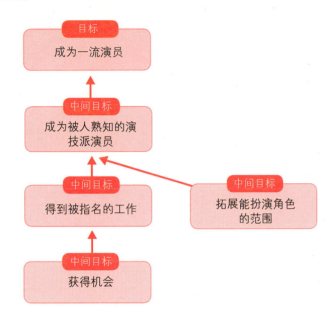

### < 步骤 5 > 中间目标达成的具体行动

步骤 4 中的中间目标分别确定如何达成。具体的方法可以帮助提高达成远大目标的可能性。

我说："跨越你无法通过甄选的障碍，抓住机会。那么，针对中间目标，该考虑能做些什么事情呢？试镜很频繁吗？"

**他说：**"是的。在拍摄电影和电视剧的时候会举办很多试镜，所以每个月都有去试镜。还会和所属剧团的人商量后，去应募和自己形象相符合的作品。"

**我说：**"那么，我希望你能回想一下这个月或者下个月这些要应征的具体作品，找个机会不就行了吗？"

**他说：**"试镜的时候，作品、导演、主演也要确定。这样，喜好什么样的风格，基本就能知道了。所以我想，过去的面试合格者应该是研究导演以前的作品，掌握导演所希望的表演方式。"

**我说：**"原来如此。我想确认一下，你想做的话可以做到吗？"

**他说：**"是的，我觉得可以！"


于是，他决定针对其他中间目标开展具体行动。

步骤5完善成表2。

**行动必须是可行的，必须是具体的。然后，执行过程中，会达成中间目标，消除障碍。**这两点成为行动的关键。

顺便说一句，他在按照远大目标图行动仅过了几周之后，就通过了甄选。此外，还在根据小说《恶之教典》（贵志祐介 著）改编拍摄的电影中以演员出道。

**表2** **中间目标达成的具体行动**

**目标：成为一流的演员**

| 障碍 | 中间目标 | 行动 |
|---|---|---|
| 不被关注 | 作为演技派演员被大家所熟知 | 不断提高演技 |
| 通不过试镜 | 通过试镜 | 研究面试导演之前的作品，了解导演需要什么 |
| 演不了不擅长的角色 | 可以扮演的角色范围变广 | 不断拓宽表演范围 |
| 吃不上饭 | 有被指名邀请的工作 | 给导演和工作人员留下好印象 |

# 摆脱"笨蛋裕树"的标签

　　现在，和裕树的故事一起，来复习一下远大目标图的步骤吧。

　　那是我和裕树相遇半年之后的事情。裕树的生活态度开始发生急剧的变化，学业方面的自主学习的意识也开始提高。裕树这样说道："这不是真正的我，我想摆脱这样愚蠢的生活。"

　　就算学习不好，也无论如何想表现自己的存在感。出于这种动机，裕树出现了各种各样的问题。一开始他觉得那是很酷的事，但是，有一次他发现，"又不能学习，私生活也总是出问题。这不是很愚蠢吗？"扮演笨蛋的是裕树本人。当私生活的问题减少了，学习上也开始有起色的时候，他才看到了真正想成为的自己。

因此，我和裕树一起着手"摆脱愚蠢"的目标 ( 步骤 1)。

这个目标对于裕树来说不是简单能达成的，眼前有很多障碍 ( 步骤 2)。

- ☑ 提不起干劲
- ☑ 不能和总被批评的 5 人组分手
- ☑ 早上起不来
- ☑ 作业做不完
- ☑ 补考
- ☑ 得不到有效的补习

仅问出这样的话，是很难做到"摆脱愚蠢"的。人一旦设了"高目标"，就会开始找做不到的理由，最后放弃掉。但其实，**不断说出这种"做不到的理由"其实是达成目标的捷径。**

因此，我试着询问了一个障碍 ( 步骤 3)。

**我 ：** "虽然有'没有干劲'的障碍，但什么情况下会很高兴？"

**裕树：** "很有干劲。"

**我 ：** "虽然有'不能和总是被批评的 5 人组分手'的障碍，

但变成什么状态就会高兴呢？"

裕树："不用跟 5 人组交往。"

我："有'早上起不来'的障碍，那变成怎样的状态就会高兴呢？"

裕树："早上能起来了。"

我："虽然有'作业做不完'这样的障碍，但是变成怎样的状态就会高兴呢？"

裕树："可以按时完成作业。"

我："虽然有'需要补考'的障碍，那变成怎样的状态，你会高兴呢？"

裕树："出现不用补考的科目。"

我："虽然有'不能有效地接受补习'的障碍，那变成怎样的状态你会高兴呢？"

裕树："接受补习后就可以准备考试。"

　　也就是说，裕树为了实现目标，实现"有干劲""不用和 5 人组交往""早起""按时完成作业""没有补考""有效补习且通过考试"就好了。

　　"摆脱愚蠢"看起来是一个难以实现的目标。但是，**如果具体落实到克服各项的困难上，也就是中间目标的话，能做到的感觉会更强烈吧。**

　　在接下来的步骤 4 中，是按照对应中间目标的顺序排列的，不过裕树感觉全都可以同时着手。这种情况下，步骤 4 可以省略。

在实际的对话中，继续一个一个地提问中间目标，一鼓作气将表 3 所示的表格填满。

**我：** "为了'有干劲'，该做些什么呢？"

**裕树：** "问自己'如果不做的话会怎么样'，把思考的内容整理成'摆脱愚蠢笔记'。"

**我：** "为了不跟 5 人组来往，该做些什么？"

**裕树：** "拒绝，说'今天有事''今天不得不去医院'。"

**我：** "为了'早上能起来'，该做些什么呢？"

**裕树：** "如果吃药没有见效肯定是有原因的。把现在吃的药的分量和身体状况记录下来，去找医生商量。"

**我：** "为了没有补考科目，应该做些什么？"

**裕树：** "努力学习每一个科目，考虑该怎样学习才好。"

**我：** "为了'接受补习后能准备考试'，应该做些什么？"

**裕树：** "反正我到七点之前都不能回家，快点把补习课题做完，向朋友或者老师请教。"

表3 裕树"摆脱愚蠢"的行动计划

**目标：摆脱愚蠢**

| 障碍 | 中间目标 | 行动 |
|------|----------|------|
| 没有干劲 | 有干劲 | 自问"不做的话会怎样"，得出的答案整理成"摆脱愚蠢笔记" |
| 不能和5人组分开 | 不再和"5人组"来往 | 用"今天有事"或者"今天要去医院"来拒绝 |
| 早上起不来 | 早起 | 记录吃药的药量和身体状况，咨询医生 |
| 做不完作业 | 按时完成作业 | |
| 补考 | 不需要补考 | 努力学习每个科目，思考怎样学习有效 |
| 没有接受有效的补习 | 接受补习并且准备接下来的测验 | 反正7点以后才能回家，为了尽早结束补习，向朋友和老师请教 |

试着罗列应该这样做的"行动"，一个一个的，想做的话就会觉得能做到。**如果不是自己能做的事情，就不会说出来，说出来的事情就应该能做到。**

这就是用提问的方式让对方思考，从而代替指示、命令的力量。

- ☑ 采取行动的话，可以达成中间目标
- ☑ 只要能达成中间目标，就能克服障碍
- ☑ 只要能够克服所有的障碍，就能达成远大目标

这些联系是远大目标图的效果，能看到这样的效果，孩子们也会想要自己思考并付诸行动。

其实，前面的表里有一栏空格。为了"能按时完成作业"，应该怎么做呢？这样的行动裕树一直没有想出来。下次来讲讲想不出该如何行动的时候是怎么做的吧。

## "社交网络依存"和善于交际的方法

即使有了中间目标，有时也想不出能达成的方法。

这种时候，就应该稍微试着挖掘一下为什么会产生障碍。这里使用第 3 章和第 4 章中介绍的"分支图"。

首先请看下一页的图 29。

裕树与同学们用"Line 群组"这种多人的聊天系统来交流。因为有很多同学加了群，所以晚上做作业的时候有很多人都会在线。

每当裕树开始写作业的时候，Line 群里就会收到信息。接着裕树会对此做出反应 —— 去回信息。然后其他成员的交流也映入眼帘，不知不觉就读起来了。

图 29　**整理做不完作业的原因**

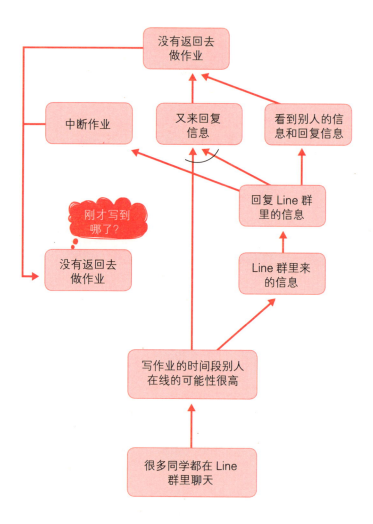

就在这样来回读消息、发信息的过程中，时间都过去了，很难返回去完成作业。

这就是裕树的行动模式。

也就是说，会出现图 30 所示的现象。

集中精力做作业的话，40 分钟就能完成吧。那么做作业 5 分钟，聊天 5 分钟，边做作业边聊天，会怎样呢？

**图30** **为什么聊天影响完成作业**

**预想的时间分配**

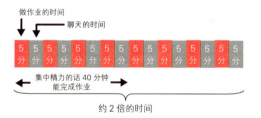

**实际上的时间分配**

作业和聊天都用了同样的时间，所以会花大约两倍的时间。如果晚上 8 点开始写作业的话，可能会想，作业需要 40 分钟，聊天用 40 分钟，晚上 9 点 20 分左右就可以完成。

但实际上，每次从聊天返回来做作业的时候，都会出现"诶？刚才做到哪了"的情况。这样的话，就需要重新读之前读过的文章了，如果忘记了计算做到哪，也要从头开始算。

这个时间不可轻视。人类的大脑是不能集中精力一次处理多件事情的。不擅长"多重任务"（需要集中精力同时做多件事）已经被研究证实。如此一来，作业无论是到晚上 10 点还是 11 点都做不完。

作业很难完成的原因，可以像图 31 那样简单地整理出来了。

**通过把看上去复杂、不容易找到答案的问题深入思考，就会发现"就是这个吧"这样一个简单的结构。**

但是简单和容易解决是两回事。消息一发到 Line 群里，裕树就会回复消息。为了解决问题，必须停止这个行为。

于是，我和裕树进行了这样的对话：

**我：**"为什么收到信息就要回复呢？"

**裕树：**"因为是朋友。"

**我：**"是啊，一定要好好珍惜朋友啊。那么，朋友会等多久回复信息呢？当然，肯定不想让朋友认为'裕树不好相处'对吧？"

**裕树：**"几分钟的话，应该没问题。"

**我：**"这样啊，那么，裕树收到信息的话几分钟之内就会回复的是吗？"

**裕树：**"大概是的。但是像吃饭的时候、洗澡的时候或者看电视的时候没有注意到，30分钟或1小时不回复的情况也有。这种时候会说'刚刚洗澡去了，不好意思啊'。"

**我：**"那么，不需要说'对不起'的时间有多少？"

**裕树：**"因为大家都有各种各样的事情，所以有时即使不能马上回复，20分钟内回复也可以。"

**图31** **做不完作业的原因**

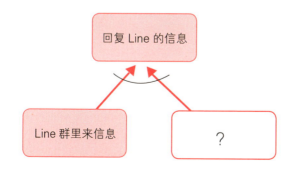

对话之后，决定设置"20分钟的作业时间"。

规则是这样的：

首先，手机不要带入学习房间，不要看，不要听。接着，准备好计时器，持续做作业20分钟（或者一直做到适合间断的地方）。20分钟后，可以把收到的信息全部读完，也可以回复。之后放下手机回到房间，看不见，听不见。然后再计时做20分钟作业。这样重复。

裕树说的20分钟，非常合理。20分钟的话，朋友也会等。而且据说人的精力真正集中也就是15～20分钟的时间。

既不会被朋友说人际交往不好，作业也可以好好完成。之后，裕树就像第4章所述的那样成了年级里的成绩优等生。

总 结 **"坚持梦想并为此努力实现"的步骤**

即使是感觉很难达成的"高目标"，依照顺序的话，能简单达成的事情也不在少数。我把这个顺序总结到了图32中。

< 步骤 1 >　先确定远大目标，形成具体的语言

< 步骤 2 >　列出阻挡在目标前面的障碍

< 步骤 3 >　确定跨过障碍前的中间目标

< 步骤 4 >　对中间目标进行排序

< 步骤 5 >　确定达成中间目标的具体行动

**图32** **达成远大目标图的草稿**

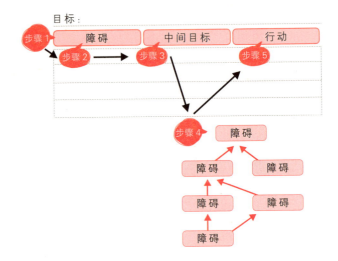

也有步骤1中难以指出远大目标的情况，这种情况下可以先确定一个主题，然后再确定步骤2到步骤5的目标。

每个步骤中使用"远大目标图"有两个重点：

**(1) 想出很多做不到的借口、理由**

所谓障碍，就是不能做到及时的"辩解"，也就是"抱怨"。"辩解""抱怨"往往被认为是不应该说的，但从这里开始才是最重要的。

消除"辩解"和"抱怨"的话，就能达成目标了。因为容易写出"辩解"或"抱怨"，所以更容易思考对策。

## (2) 不是手段，而是思考"理想的状态"

"如何实现梦想和目标？"在考虑手段之前，先考虑下"理想状态"吧。

人往往会想办法解决问题，那种心情越强烈，越会被解决问题的方法牵绊。这样就很难得到最好的解决方案。

比如，对有"不能有效接受补习"这种障碍的孩子，"那该怎么办呢"这样问的话，可能会出现"逃避补习""抱怨老师""和朋友玩消磨时间"这样的想法。

相反，把"如果接受补课，就能参加下次考试"的理想状态设定为中间目标后，再考虑"那该怎么办"，我们就会想出一些有用的办法。

COLUMN
5

# 连接学习与社会生活的远大目标图

从对知识的死记硬背转变为主动学习，学校的教育也有了很大的转变。

个人认为，主动学习是把"在学校学习"和"在社会上需要的东西"相联系的一种尝试。然后，等孩子长大成人之后再回过头来看，他们学到的不正是谁都想要得到的教育吗？

我曾经也参加了某公立中学的普通话课，进行了主动学习。当时那堂课的题材是一部短篇小说，叫《少年之日的回忆》。少年主人公偷了朋友重要的蝴蝶标本，然后将其破坏了。在那之后，虽然感觉到必须要向朋友道歉，但是又不知会产生怎样的纠葛。

这个局面其实可以使用远大目标图，把"向朋友道歉"作为目标写出来：

① 障碍（不安）

② 中间目标（消除不安的状态）

③ 具体行动（自己能做到的）

很多成绩好的学生都会在故事中寻找答案。不擅长阅读文章的学生们，会一边对照道歉时应该做什么的自身体验，一边给出自己的答案。

一位学生说："障碍之一，朋友接受道歉，但父母会很麻烦。"

中间目标是"设法不让父母知道情况"。

具体行动是"拜托了，请不要对父母说"。

像这样，在学校课堂中加深了解登场人物心情的同时，也就"如何在人类社会中生存的智慧"交换了意见。

根据各种各样的学生道歉时不安的心情，老师提出了很多对策。老师不是直接授课，而是根据学生们的发言来进行授课，最终达成学习目标。

发言时也会出现之前没有想过的内容，我很享受这样生动的教学。另外，老师说"平时不怎么在课堂上发表意见的、不显眼的孩子，今天实在是太闪耀了"。这句话也给我留下了深刻的印象。本书介绍的思考工具，可以像这样把学习内容和社会生活相结合来进行思考。

# CHAPTER 6

# 掌握学习方法的秘诀

可以自主行动、不断成长

# 如果有学习能力，就可以掌握任何技能

教育是有流行趋势的，随着时代的变化，教授孩子的学习内容也应该随之变化。

例如，很长时间，我们都会提起英语的重要性，最近随着电脑和网络越来越发达，编程可以说是必备的知识了。另外，为了在成熟的经济社会中生存下去，理财的知识也很重要。

然而孩子能花在学习上的时间毕竟是有限的，必须有所取舍。对于孩子来说，不就是要弄懂成人世界最必需的知识到底是什么吗？

如果孩子15岁进入社会的话，在此之前肯定要学些东西，这是毋庸置疑的。

然而，应该学到什么程度？我们今天仍然是无法预料的。时代一直在飞速变化，15年后的社会与我们现在身处的社会应该会有很大的差异。归根结底，孩子选择怎样的人生，所需要的能力也会有所不同吧。

所以我教授孩子们掌握学习的方法，这样一来，孩子将来走上社会再学习新事物的时候，不管遇到什么情况，都可以靠自己的力量来掌握。

那么，如何才能教会孩子学习的方法呢？

我觉得最重要的是让孩子真切地感受到学习的快乐。在学校学习的数学公式或名称是一种痛苦，主动学习也绝非易事。但是了解至今未曾知晓的事情，让自己的眼界得以扩展，还能够获得成就感和满足感。正是这样日积月累，才能培养孩子们学习的乐趣。

从这个观点来看，我关注的是"游戏"。

勒里格游戏（角色扮演游戏）等为代表的游戏被设计得非常完美，谁都不由得为之着迷。它不仅仅是为了能让玩家马上获得小的成就感，而且还准备了一个个看似一步之遥，实际却不能立即成功的障碍。

稍微努力的话，就能跨过障碍，获得满足感。然后看到了新的景色，变得想做更多。即使有坡道，却也没有很大的落差，即所谓的"无屏障"。

而现实世界的学习也是一样，为了最大限度地获得成就感，孩子会克服障碍学习新内容。随着水平的提高，学习也变得越来越快乐。如果能提供给孩子这样的环境，你不觉得很棒吗？

而能实现这一目标的，就是本章所介绍的"指导循环"。

## 为孩子的学习提供支援

孩子必须学习很多东西。成年人忙着各种各样的事情，不知不觉就想"希望你能快点做正确的事情"。**于是你会不自觉地指示、命令甚至直接告诉孩子答案，但这样是不能很好地支持孩子学习的。**

当你老是命令你的孩子时，到底会发生什么呢？

☑ 孩子有时会表现出反抗的态度

☑ 孩子可能会陷入惊恐

☑ 也许亲子关系会恶化

☑ 和孩子之间的交流可能会变得难以维持

有上小学的孩子的家庭经常出现这样的指示：

"快点完成作业。"

"快去泡个澡，后面的人还等着呢。"

"这么重要的信，为什么不早点给我看呢？"

"马上就到去学校的时间了。别磨蹭，快去吧。"

父母见孩子没有马上行动，便不停地催孩子"快点，快点"，这样会导致孩子不深入思考，流于表面。

那么，当孩子没有按你的指示、命令做的时候该怎么办呢？作业没做完就不去洗澡，结果就寝时间延后。早晨上学因为赖床，没有时间准备，所以总是忘带东西。

应不应该对孩子下命令或指示呢？如图 33 所示。

**图 33　应不应该给指示或命令**

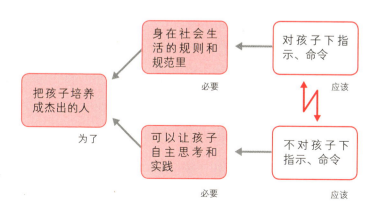

为了"让孩子成长为优秀的人"，需要"掌握社会生活的规则和规范"。我认为为了掌握"社会生活的规则和规范"，应该"对孩子进行指示和命令"。

相反，为了"让孩子成长为优秀的人"，需要"让孩子自主地思考、行动"。要想"让孩子自主地思考、行动"，就应该"不要对孩子下达指示、命令"。

下达指示、命令的话，孩子很难自主地思考、行动。但如果不发出指示、命令，孩子又很难掌握社会生活的规则和规范。

乍一看似乎很难兼顾两项要求，但您放心：

**"让孩子自主地思考、行动"和"掌握社会生活的规则和规范"两种方法可以并存，这就是接下来所说的"指导循环"。**

> ## 提高"达成力"的 7 个步骤

孩子不断有效地学习新事物,从而在实际生活中学以致用。为此,掌握图 34 中所示的"指导循环"的 7 个步骤是必要的。教授的一些内容从一开始便有顺序,所以以下就称之为"过程"。

### < 步骤 1 > 示范、传达

用语言表达的信息量是有限的。因此,你可以用行动来向孩子有效地展示你想要传达的内容,包括利用视觉和听觉。

**图 34**　**指导循环的 7 个步骤**

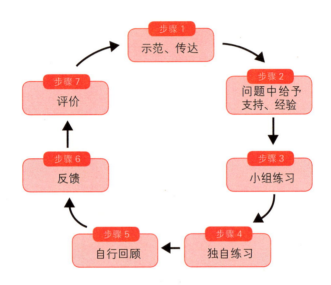

**（指导的诀窍）**

① 要传达的内容做得简洁一点，就会更好地关注想传达的内容。

② 一边做着展示，一边用语言补充说明要点的部分，能明确地传达应该看哪里、应该理解什么。

③ 将正确的例子与错误的例子放在一起，可以从两者的对比中理解重点。

**< 步骤 2 >  问题中给予支持、经验**

只是看和听的话，并不是所有内容都能进入脑中。不仅如此，从看到、听到的瞬间便渐渐开始忘记。但是通过回忆、复习就可以让你记住学习的过程。

（指导的诀窍）

① 只问很容易想出办法的问题，如"接下来的顺序是什么"。尽量不要一开始就提示，只是阶段性地增加一些启发，更容易提高孩子的能力。

② 提问之后，以悠闲的心情等一会儿。在回忆学过的内容时，孩子会梳理信息。珍惜这个时间吧。

③ 即使仍答不出来，也不要说答案，追加可以回忆起学习过程的问题。"啊，我知道了！"这种想通的喜悦，让孩子学习时更加快乐。

**< 步骤 3 >  小组练习**

道理都懂，但未必真的能做到。因为少了一个过程都不会顺利，就算理论都知道，等到做了之后会发现不明白的事情也不少。因此通过几个人的小组练习，能够互相弥补彼此欠缺的部分。

**〔指导的诀窍〕**

①　在开始训练之前，事先确定小组训练的"规则"。小组成员之间自然会有不同的知识水平、理解水平和兴趣。如果一个人做了全部的训练内容就不是练习了；在训练中聊天或者被排挤，效果则会大打折扣。

②　规则应该是根据现场情况设定的，比如"对方的任何发言要从头听到尾""如果有人发言，把内容写到便笺上吧""按学到的顺序来试试看吧""在遇到困难的时候呼叫老师吧"等。

**＜步骤4＞ 独自练习**

在团队合作时能够做到的事情和一个人能做到的事情之间有很大的差异。独自一人通过一系列的流程来学习，可以学习到不擅长的地方。

**〔指导的诀窍〕**

①　练习后，做好向别人陈述和说明的准备。如果必须向别人解释自己试着做的结果，就想着"这样能传达给对方吗"来加深理解。

**< 步骤 5 >  自行回顾**

把学习、体验、练习的感想用语言表达出来是不容易的。因此，有意回顾过程是很有必要的。通过留出回顾的时间，能明确今后应该做的课题，让自己能继续学习下去。

( 指导的诀窍 )

①  制定复习时的"格式"。当在任何情况下都根据同样的格式复习时，就可以集中精力去复习内容本身了。

②  格式中有一个示例是"YWTM"。分别是"做了什么""知道了什么""接下来要做什么""做了能有什么收获"这四个问题中每一个问题的第一个字母的缩写，因此只要对这些问题一一作答，就能自己复习。答案是多少都没关系。(YWTM是岸良裕司先生在日本效率协会所使用的 YWT 的基础上添加了 M，被认为是 PDCA 循环中实现循环的工具 )。

**< 步骤 6 >  反馈**

即使孩子复习，有时自己一个人也有注意不到的问题。只有从不同的角度得到建议，才可以更深入地学习，应用到更广的范围。

**（指导的诀窍）**

① 把好的地方具体地指出来，可以的话指出两个。日本人的反馈总是"重做"，但是明确指出做得好事情，执行得好的行为，才有继续做下去的动力。

② 传达希望改善的地方时，最重要的一点就是要精简。自己回顾时也会很方便，如果想把这些集中在一起，反馈的一方也会思考本质上的信息。而且选择恰当的冠词，表达方式也会更灵活 。

③ 最后作为总结，再次传达好的地方。

这个①~③的顺序，曾作为企业小组活动的讲评方法而广为人知。

**< 步骤 7 > 评价**

当你学会了一个过程，你想要使用它时，如果本人能够认识到持续使用的肯定面大、负面小的话，就会想继续使用那个过程。

**（指导的诀窍）**

① 我认为所学的过程可以应用在日常生活的任何场合。

② 请举出因使用所学的过程而引起的负面事例，思考避免出现这种情况或者反向应用的方法。

如果你觉得孩子没有学到什么东西，请先检查一下他有没有跳过 7 个步骤中的某个步骤。通过检查跳过的步骤，会消除不少失败的情况。

另外，一边思考着自己在 7 个步骤中的哪个步骤，一边与孩子接触的话，"过于焦虑的大人剥夺孩子学习的机会"的情况就会变少，这也是功效之一。

## 童子军班长 —— 裕树，被表彰了

　　初中三年级的裕树在本地的童子军中是经验丰富的前辈。童子军是一种青少年的团体，旨在通过室外活动培养青少年的自立心、协调性和领导能力，从而成为对社会有用的人才。裕树和小学生一起参加野营活动时，被任命为班长。

　　露营有打水、做炉灶、烧柴火等工作，烧柴火也是一件很辛苦的事。在帐篷里睡觉，有时会觉得热，有时会被蚊子叮到，有时会感到后背疼，和舒适的日常生活相去甚远。

　　做米饭的话，锅又薄又黑，若烹饪失败，甚至食材都会被烧焦变成黑色，可能就没饭吃了。电磁加热的炊具和洗碗机这样的现代化便利电器更是想都不要想的。

　　生活在文明社会的孩子们，在露营中真正应该学会的是什么？至少好像不是生火或者搭帐篷类的技术。

**裕树考虑到这里，想告诉成员们"思考后行动的乐趣"。**

无障碍指导的第一步是"示范、传达"，这点每个班长都做到了。然而，生火和搭营哪一个都挺花时间，因此很容易变成班长"替他们做好一切"的结果。

虽然裕树知道自己做得更快，但还是忍住不去做，实行了步骤2——"问题中给予支持、经验"。

"现在正在做饭吧？Y君去打水了吧？K君什么都不做不太好吧？"

"你在搭炉灶生火？"

"是这样啊，记得很清楚啊。那，试试看吧！"

即使没有给出指示，成员们也想起了该做的事情。提问作战成功了。虽说如此，还是很花时间的。其他班的作业在不断地进行，只有裕树班落后了。

尽管如此还是想办法搭灶捡柴，现在又点不着火了。但是成员其实也是看过几次有经验的人生火的场面的，明明听了讲解……

这种时候，通过步骤3的"小组练习"，不擅长的烧柴火作业也能顺利地进行。认真记住顺序的孩子，有胆量擦火柴的孩子，还有为了不被风吹灭火而用手或身体当成墙壁的孩子，以及通过一连串的问答复习火柴的使用方法的孩子。对这些孩子来说都有学习和成长。

如果不借助班长的力量想办法完成工作的话，接下来会产生"想自己尝试一下"的欢欣雀跃感。

接下来是步骤4——"独自练习"。

话虽如此，露营生活却障碍频发，孩子们总会有这样那样的疑问。

"火燃烧得不旺呀。"

好不容易用火柴点燃了，即使杂草或小树枝也引燃了，也无法形成旺盛的火焰。试着做了，明白了不顺利的事意味着什么，就可以按照步骤5"自行回顾"了。这里就轮到步骤6的"反馈"出场。

**裕树：**"为了保持火燃烧得很旺，什么是必需的呢？"

**班员：**"嗯……是柴火或者易燃物？""还有空气！"另一个孩子也会回答。

**班员：**"可是，本来想输送些空气的，结果呼地一下就把火吹灭了。"

**裕树：**"问题就出在这里。当树枝燃烧的时候，树枝和火苗哪个在上哪个在下呢？"

**班员：**"树枝在下，火苗向上冲！"

**裕树：**"是啊。那如果想把树枝再燃一燃，该怎么输送空气呢？"

**班员**："让树枝接触空气，向上立起来放！"

**裕树**："是啊。我刚才从上面吹了一下，火不是没灭吗？"

就这样，从班员们那里巧妙地引出了答案。

所有事情都做好之后，裕树班最后一个在野营场吃了晚饭。即便如此，吃饭的时间似乎也很开心。

"下次由我来点火！"一个孩子紧张地说道。

经历过几次这样自己做饭后，终于到了野营的最后一天。裕树所在的班被评为优秀班级。因为此前是不管做什么都是行动最慢的小组，所以这个结果谁也没有预想到。童子军班长到底做了什么呢？

获奖的理由是"四天里看起来最开心"。

这样得到了外界的评价。但是，真正的评价应该是孩子们自己的声音，"还想去野营""在露营的时候边思考边挑战，很开心"。

**自己思考并行动。进展不顺利的话，再思考、行动。那样就能变得顺利。** 思考本来就是一件快乐的事情。把做不到的事情变得能做到是非常开心的。

班长裕树想告诉成员们"思考和行动的乐趣"。裕树完全成功了。当然，这需要花费时间，很多人一有焦急的情绪，就会想说"快点"。

"但是快真的那么重要吗？有没有更重要的事情呢？"

这是在京都大学举办的一场教育系座谈会上，和成年人演讲时，初中三年级的裕树说的话。

包括我在内，那里的大人们都受到了冲击。裕树学会了思考，自己也变得开朗积极。这次，我教大家"思考"这个新的舞台。其实现在很多大人正在从这样的孩子身上学到东西。

| 总 结 | **培养生存技能的学习周期** |
| --- | --- |

　　如果仅仅是教做不到的孩子怎样去做，当场就能快速完成。但是孩子自己却做不到，也学习不到掌握新事物的方法。

　　使孩子掌握学习能力的方法就是"无障碍指导"。**把7个步骤放在心上，就能给孩子创造很多学习的机会。**即使贴在房间的墙上或冰箱上应该也能收到效果。

　　重复这个步骤，孩子就能掌握"学习的方法"。然后进一步成长，之后也能掌握"教的方法"。

　　这样，不管世界发生了多大的变化，人工智能和电脑又进化多少，这些学习方法不都能成为一生能使用的生存技能吗？

　　复习一下"无障碍指导"的7个步骤。

## (1) 示范，传达

边做示范边解说。

☑ 做给别人看的内容要简单
☑ 一边做示范，一边用语言补充解说重点部分
☑ 用一组正确的例子和错误的例子来举例

## (2) 问题中给予支持、经验

使用提问的方式让对方去注意想不到的部分，"啊，是那样的！"促使发现问题。

☑ 只问可以轻松制定顺序的问题
☑ 以悠闲的心情等待一分钟左右
☑ 不告诉答案，提出带有引导性的问题

## (3) 小组练习

给孩子提供了用自己的语言来表达的机会。同时，收集孩子们理解的片段，不断加深理解。

☑ 在开始练习前，先制定小组练习的"规则"
☑ （例1）首先要接受对方的任何发言，听到最后
☑ （例2）如果有人发言，就把原内容写在便笺上留存
☑ （例3）试着按照你学到的顺序做
☑ （例4）有困难的时候，和老师说吧

**(4) 独自练习**

把"明白的事"通过训练完全吸收成自己的东西。

☑ 练习后，找到一个向别人展示和说明的机会

**(5) 回顾**

通过试着把学到的东西变成语言，思考改善的方法，进一步深化学习。

☑ 制定回顾时的格式

☑ (例)使用 YWTM"做了什么""知道了什么""接下来要做什么""做了能有什么收获"这四个问题

**(6) 反馈**

通过外界给予的评价，可以得到至今为止没有想到的观点，来扩大学习的范围。

☑ 具体说明两个好的地方

☑ 把想改善的点压缩成一个。使用开场白"如果想说的话……"表达方式也会变得没有限制

☑ 作为总结，再次提及好的方面

## (7) 评价

在确认是否抓住了要点的同时，开启下次新的学习之门。

☑ 请考虑一下在日常生活中的哪些场合能够使用
所学到的内容

☑ 使用我们所学习的过程可能会发生一些不好的
事情，思考一下回避或者反向活用的方法

按照这个步骤一步一步地进行下去，可以防止因急于
求成而导致的失败。而且，按照这些步骤，随着学习的深入，
会有新的发现。积累成功的经验，就会变得越来越享受思考。
**任何人都想越来越好，都有一颗想进步、成长的心。
但指示、命令及代替别人做决定这三种行为是使人完全得
不到成长的。**使用"指导循环"，就可以回应孩子想成长
的心了。

COLUMN
6

## 解决了人气下滑困境的女子网球部

这是在指导某高中女子网球部时发生的事。

虽然部员们都说想变强，但是却总不投入练习。与她们聊了聊，我终于了解到了让人意外的事情。

① 努力练习的话，肌肉会变发达，衣服也不合身，所以不受欢迎。

② 努力练习的话，经常会在没有人的地方击球，渐渐性格变差，不受欢迎。

有这样的想法，便不能专心致志地练习网球。于是试着整理了一下想法，没想到行动发生了骤然的变化。

世界顶级职业选手中，也有像玛丽亚·莎拉波娃（网球名将）一样同时兼做时装模特的人。明明肌肉比部员还要发达，但是却能穿出漂亮的衣服。所以问题在于哪块肌肉发达。如果能彻底锻炼身体，使胳膊肘以下、膝盖以下部分比较细，就会显得更好看。发现这点的时候，部员们开始有意识地对身材进行锻炼，同时打球的力量和稳定性也都增强了。

另外，在组织比赛的时候，也考虑到了对手的情况。每结束一球，都会循环问一遍"现在，发生了什么？""接下来，你想怎么做？""采取什么战术？""这样能顺利进行吗？""那么，不要想太多，去做吧"。这个方法，取各个问题的首字母命名为"夏季豆腐"（每个问题的第一个日文假名连起来会组成一个单词，这个单词的中文意思是夏季豆腐）。

比如，现在能够很好地扣杀。下次也想采用相同的模式使用。但是对方也决定要扣杀，这次说不定会压线击球。所以要仔细观察对方的姿势，看准是击球还是吊高球再移动。如果采用这种作战方式，因为要看对方表现出来的样子再决定如何行动，就可以更好地调整步伐。这么办就对了。"夏季豆腐"这种思维方式就养成了。

"夏季豆腐"的提问方式，不仅是为了在网球比赛中占上风，也是考虑队友心情的训练。一直能考虑队友的心情的话，网球部受欢迎的概率会提高吧。

虽然不知道部员们恋爱的走向，但这一年，网球部进入县大会8强，担任了近30年顾问的老师也说这是"创部以来的壮举"。

# CHAPTER 7

# 为了不断地成长

能够达成目标的思考工具的组合方法

## 如何正确使用"3个思考工具"

在前面的章节中，详细介绍了"3个思考工具"。

分别是引导出创造性想法的"云图"、有逻辑地整理事物之间联系的"分支图"和实现大目标的"远大目标图"。不管是哪个工具，都提供了强有力的解决问题的方法。

然而经常会听到刚开始使用这些工具的各位说道：

"什么时候，用什么工具好呢？有什么区分使用工具的窍门吗？"

虽然某个问题显然对应着云图，而另一个问题明显对应分支图……但是我觉得有时仍然会对应该使用哪一种工具而产生疑惑。因此，我们在图35中总结了如何区分使用"3个思考工具"。

图 35　如何区分使用"3 个思考工具"

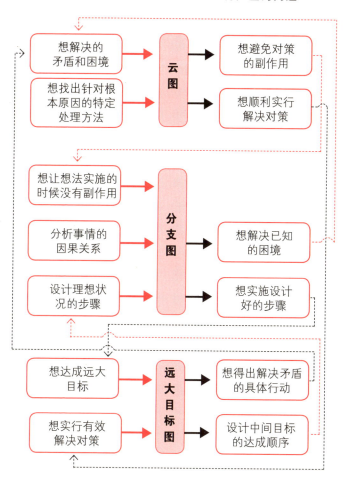

解决的问题　　使用的工具　　再产生的问题

想解决的
矛盾和困境

云
图

想避免对策
的副作用

想找出针对根
本原因的特定
处理方法

想顺利实行
解决对策

想让想法实施的
时候没有副作用

分
支
图

分析事情的
因果关系

想解决已知
的困境

设计理想状
况的步骤

想实施设计
好的步骤

想达成远大
目标

远
大
目
标
图

想得出解决矛盾
的具体行动

想实行有效
解决对策

设计中间目标
的达成顺序

如果想解决矛盾和困境，或者想要找到根本原因并处理问题，可以使用云图。如果想避免想法实践时产生的负面影响，想要分析每个事物的因果关系，想设计符合理想情况的步骤，可以使用分支图。如果想实现一个宏伟目标，或者想要实施一个宏大的解决方案，可以使用远大目标图。

但是，==有时仅仅使用一种工具是不够的，而是要与其他的工具组合使用。==

例如，在用云图提出解决矛盾的方案后，为了消除其方案的副作用，有时也搭配使用分支图。如果利用云图想出了一个宏大的解决方案，可以同时使用远大目标图来落实方案。

此外，在用分支图分析了事情的因果关系之后，有时再配合使用云图能解决根本问题。用分支图设计为了达到理想状况的实施步骤之后，也会再配合远大目标图来落实设计好的实施步骤。

还有，在使用远大目标图的过程中，考虑"障碍→中间目标→行动"时，需要明白想要采取行动就必须先解决矛盾，这时可以使用云图。还可以使用分支图来设计为了实施远大目标图的行动顺序。

这样的"3个思考工具"既可以单独使用，也可以与其他工具组合使用，发挥更大的作用。

实际上，从选择工具的角度来说，我一直有一个很重要的观点，那就是**"消除对成长的障碍"**。先去了解孩子现在正面临着什么样的困难，再选择合适的工具去克服困难。我的观点是：**首先不是拥有工具，而是有能得到成长的场景 / 机会，再根据情况选择最适合的工具。**

接下来就来说明人在成长时会遇到怎样的障碍，选择怎样的思考工具来克服障碍会更合适。

## 培养克服 3 个障碍的能力

我们认为，人要想取得成长，必须要克服 3 个障碍。

**第一个障碍是：认为"我做不到"，无法下定决心去挑战。**

人不能每天只是待在舒适区。只有挑战新事物，才能成长。

然而，好不容易来了机会，好多人却觉得"我做不到""那样不行"，对挑战踌躇不定。

如果不抱着"挑战吧"的想法的话，什么事情都不会开始的。而只有在跨越了无法下定决心挑战的障碍之后，才能成长。

**第二个障碍是：想着"失败很可怕"，无法付诸行动。**

仅仅下决心挑战是不能成长的。决意挑战，踏出一步，才能够成长。

比如，虽然说了"我做"，但是，经常会出现没有实际行动的情况。虽然担任了文化节的调停，但是不知道该从哪里下手。虽然决定报考重点中学，但是无法投入学习……

挑战都有"失败的可能性"。如果事先假定了如何应对失败，不是就不会害怕失败了吗？

接下来是第三个障碍，与刚才说明的两个障碍相比有意外性，而且这一个障碍是很大、很重要的障碍。下决心挑战并付诸行动的话，其结果只有"顺利进行"和"不顺利"两种情况。

顺利进行的情况下，人们会怎么想呢？

可能会想"看吧，我可能是天才"。也会感觉"成功了，但那是因为有 A 君"。

例如，让父母帮忙完成暑假作业，如果那部作品在科学竞赛中获奖的话，你一定不会觉得是自己做到的。

或者，在棒球部实现了参加甲子园（日本最大的棒球场）的想法的时候，主将可能会在采访中这样回答："能来到甲子园，多亏了送我去练习棒球的父母亲、教练和一起努力过的队友们。我真的很幸运。"

这句话看起来很美，里面却暗藏着一个思考回路的陷阱。成功的原因真的只有父母、教练和同伴吗？难道能去甲子园就没有别的理由吗？

实际上，**只考虑成功是"托XX的福"的话，那认真分析成功的原因这个重要过程就会被忽略掉。**

这也适用于事情进展不顺利的时候。

可能会涌出来"挑战困难的事情，本来从一开始就觉得不行……"这样的心情。或者可能会想把责任推给别人，说："本来应该很顺利的，但是因为B不合作，所以不行。"

"本来应该获得更大的成功的，如果没有他……"这样的心情就会浮现出来。

这个思考回路的陷阱，其实就是把失败归咎于别人。但是把责任推给别人的话，除了改变那个人以外就没有解决的方法了，就会停止建设性的思考。

结果，无论是顺利还是不顺利，都会因为别人的原因而停止成长。如果这一切都是靠周围的人或运气决定的，而不是靠自己的力量来决定的话，成长不了也不是没有道理的。

**因此，成长的第三个障碍就是：简单地认为"成功是幸运（失败是不幸运）"，而没有好好地总结其中的原因。**

认真总结一下阻碍成长的 3 个障碍：

① 想着"我做不到"，决定不要挑战。

② "害怕失败"，不去付诸行动。

③ 认为"成功是幸运（失败是不幸运）"，不好好总结其主要原因。

克服这个心理障碍，是人的成长动力。如图 36 中所示。

**对于父母来说重要的是"怎样帮助孩子克服这些困难"。通过适当的帮助，孩子才能完成自身的成长，认识到今后的任务。这样一来，想要登上更高舞台的欲望也会涌现出来。**

而且孩子有欲望的话，他也还会再次遇到能够大步成长的机会。因为寻求成长机会的人，会为寻找这样的机会而打开脑海里的搜索雷达。为此，可以抓住实际的机会，或许有更高的概率从别人那里得到机会。

**图 36** **能克服 3 个障碍的成长动力**

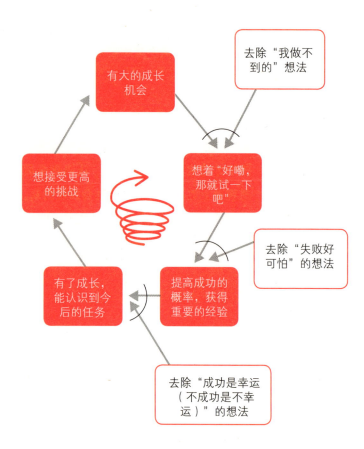

# 克服"我做不到"

　　接下来，我们就用裕树的实例来看一下，应对各种障碍应该用哪种思考工具，以及给予怎样的帮助才能让孩子有所成长。

　　当成长机会来临的时候，觉得"我做不到"一定是有什么理由的。大多数的人想"挑战一下"的心情和"不想挑战"的心情都有。尤其是深入挖掘"不想挑战"的心情是很重要的，所以应该已经知道使用哪种工具会比较适合了吧，就是第 2 章里讲到的"云图"。

　　**和孩子一起制作"挑战 × × vs 不挑战 × ×"的云图，为了能选择"挑战"这个行动，寻找满足挑战的期望和不挑战的期望的两全方法。**

　　首先，在图 37 中用一般形式的云图来表示。

**图37** 云图的一般形式

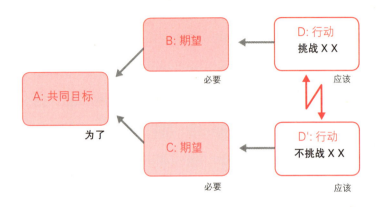

裕树在他中学的 120 名学生中排 100 名以后。可以说有大幅提升成绩的机会，但是他不确定努力学习后是否有进步。也就是说，如果尝试之后没有进步就等于确定自己不行，所以为了相信自己的成绩还有希望，而不去尝试提高成绩。

理由如下：

☑ **因为成绩一直不好**

☑ **因为有阿斯伯格综合征**

☑ **因为不擅长背诵**

☑ **因为笨**

去挑战,如果不行的话,就会确定自己果然没有希望了。

图 38 展示了这个云图。

和孩子一起思考不想挑战的真实理由,是一个帮助孩子有效思考的方法。这时的关键句是 **"真的吗"**。

比如,下面这样的问题:

**"因为以前的成绩不好,所以说今后的成绩也不好,是真的吗?"** 成绩有上升,也有下降。也就是说,即使之前的成绩不好,未来的成绩也不一定会不好。改变今后的行动的话,未来成绩变好的可能性非常大。

**图 38　是否挑战提高成绩**

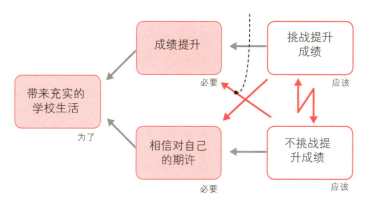

这里的难点如下:
- 成绩一直不好、患有阿斯伯格综合征、不善于背诵,总之很笨
- 如果挑战失败就会认为"果然不能对自己抱有期望"

### **"患有阿斯伯格综合征，真的不能提高成绩吗？"**

阿斯伯格综合征不是一种没有学习能力的疾病。实际上，考虑到补习之后参加补考的分数，裕树确实是有学习能力的。之后，只要在考试前完成一定的学习量就行了。关键是学习方法的问题，这是需要掌握的。

### **"因为不擅长背诵，所以不可能提高成绩，是真的吗？"**

现在可能不擅长背诵，但可以提高背诵技巧。如果把信息变成故事，即使过了一段时间也能记得。我们之所以能记得小时候读的童话，也是因为有故事。如果能记住童话，应该也有方法能记住学校考试科目中的重要内容。

### **"因为笨，所以成绩没进步，是真的吗？"**

因为笨，所以不去挑战，我反对这种想法。不去挑战就没有成长，没有成长就会比周围的人迟钝，结果考试成绩不好，也没办法从周围学到东西。如果接受挑战的话，就会脱离"笨"。

## 克服"失败太可怕了"的恐惧

经过这样的询问，领会了看待事物的新角度，裕树决心挑战"脱离蠢笨"。

但是，如果教练教了我，成绩仍然不理想，"果然我还是……"这样的想法会变得强烈。所以必须消除这种对失败的恐惧。

当你想让你的孩子完成某件事，从而积累成功经验的时候，有两个典型的方法。**一个是"放任"，另一个是"手把手"。**

希望孩子能提高能力，也希望孩子有干劲。为此，需要孩子们用自己的头脑来思考和行动。放任不管就好像是为了让孩子自主思考行动的有效手段一样。但是，能不能得出结果，得出什么样的结果，都取决于孩子自己。

**图 39**　　**怎样才能消除这种左右为难的状态**

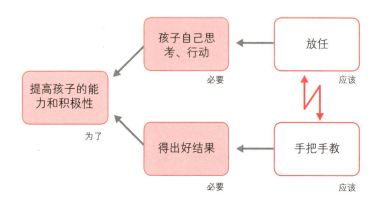

另一方面，为了提高孩子的能力和积极性，需要得出好的结果。为此应该手把手来教。但是，这样很难让孩子们用自己的头脑思考并行动。

因此，放任并不一定能有好的结果，手把手来教又不能让孩子自主思考、行动。图 39 的云图展示了这种矛盾心理。怎样才能消除这种左右为难的状态呢？

这里用的是第 5 章描述的远大目标图。不放任，也不手把手。**孩子决定挑战重要的成长机会的话，可以向他列举将要面对的障碍，设定中间目标，帮助他思考达成各种中间目标的有效行动。**

成年人担任"能让孩子顺着流程来思考"和"对话进行下去"的角色。这样孩子就会自主思考。由于应该采取的行动都是自己思考才得出来的，所以实行也就没有那么困难。

同时一起设定中间目标，考虑实施的顺序。如果是高目标，但是达成的方案明确，最终得出满意结果的可能性也会提高。

接下来， **为了快乐地成长，顺序也很重要。**

与角色扮演游戏《勇者斗恶龙》相同。打倒史莱姆，打倒一点点变强的敌人，最后打倒龙。只要一点一点提升水平，挫折就会减少，成功经验就会变多，结果也会越来越开心。相反，如果突然向强敌挑战的话，一下子就会被打败。

和现实世界中一样，挑战的顺序也是很重要的。与虚拟世界大不相同，弱敌（容易解决的课题）不一定能在前面出现，必须自己排列顺序。因此，灵活运用远大目标图，就能解决图中的问题。

第5章介绍了裕树像这样做了"摆脱愚蠢"计划后的改变。他为了有充足的学习时间，首先实施了一个"让科目摆脱不及格"的作战行动。

## **深刻体验"成功的要素"**

　　裕树是这样做的，首先摆脱"社会"科的不及格，进入了校内成绩优秀者名单。即便如此，还是无法消除这样的想法：

　　"这次只是考的恰巧都是学过的。"

　　"社会科还可以，但是记不住单词的英语还不行。"

　　"考试考得好，都是老师教得好，不是自己的能力。"

　　感觉"做得好是幸运""成功是多亏了教练"。

　　怎样做才能好好地回顾成功的重要因素呢？

　　这里用到的是第 3 章和第 4 章描述的分支图。比如，像图 40 这样，可以分析出成功的原因。

图 40　　**用分支图分析成功的原因**

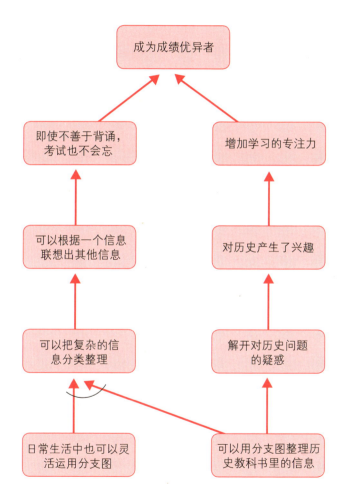

　　裕树在日常生活中也一直使用着分支图。这次用分支图整理了历史教科书上的信息。因为已经习惯使用工具了，所以能将大量的信息组合在一起整理。

　　这样，就能从一个信息想到其他的信息了。结果，本来以为不善于背诵的裕树，在考试中完全没有忘记重要的知识点。实际感受了"即使记忆力检查数值比别人低也能背下来"的奇迹，这对他本人来说是大事。

　　除此之外还有其他的效果。

　　在整理分支图信息的过程中，习惯思考解决历史科目中的"何故"。 因为如果不这样做的话，无法填写分支图中"理由的方框"。通过这样的做法让裕树对历史产生了兴趣，增强了学习的注意力。

　　也正因为如此，他的成绩也变得优异。


　　像这样写分支图的话，虽然是因教练的原因成绩提高了，偶尔也有考试内容是考试前讲过的，但是同样的学习方法无论是数学还是英语应该也能适用。

　　**像这样"深入思考成功的主要原因"能够给人成长的真实感，对认识今后的问题很有帮助。**

　　即使没能达到挑战的目的，应该做的事情也是一样的。写分支图，分析因果关系，便能看到什么没做好、什么没注意到，思考接下来该怎么办才行。

| 总 结 | **克服 3 个障碍的重点** |
| --- | --- |

为了找回孩子的成长动力，父母应该帮助孩子排除 3 个心理障碍。

### (1) 我做不到

摆脱阻碍挑战远大目标的"思维方式"，孩子们才会迈出第一步。云图对此是有帮助的。

### (2) 害怕失败

通过一起思考"以怎样的顺序解决怎样的障碍"，创造能安心执行的环境，让孩子用自己的头脑思考行动，才能提高顺利达成目标的概率。远大目标图对此是有帮助的。

## （3）成功是幸运（失败是不幸运），没有好好地回顾其中的原因

通过分析成功（失败）的主要原因，仔细回想，就会明白如何可以再次成功。由此才能真切地感觉到自己的成功，挑战新目标的热情也会更加高涨。分支图对此是有帮助的。

# 监狱也在用的思考工具

　　虽然监狱对于很多人来说是不熟悉的地方，但有些地方也使用了本书介绍的思考工具。在美国和新加坡的监狱，甚至是日本的监狱都使用了这些思考工具，并且取得了很好的效果。

　　请想象一下。二十多岁被判有期徒刑30年的人，出狱的时候是五十多岁。30年以来身边人员几乎没有变化。工作也很少有变化。每天没有需要做重要决定的事情。就这样度过几乎没有外部刺激的每一天。

　　我得到了参观监狱内部的难得机会。那个时候看到长期服刑者的第一印象是"面无表情"。而在新闻上看到职业棋手的照片，一看就给人一种深度思考的感觉。长期服刑者给我的印象与此正好相反。

　　这样的服刑者到了五十多岁，也会迎来出狱的时机。虽然将近30年没有接触社会，但还是要就业、赚钱、活下去。出狱后，他们可能会和别人的意见发生冲突吧，可能也有文化冲击。作为对刚出狱者就业支援的一环，"用于教育的 TOC 理论"这三种思考工具就可以被活用。

云图、分支图、远大目标图都可以帮助整理并可视化自己的想法。由此，接受他人的意见的同时，也将积极地着手规划自己的未来。

根据案例得出以下的报告。

"面无表情的被支援者，随着一次次活动，他们的表情终于可以表达自己的内心了，也慢慢丰富了。平日里负责出狱人员的职员也对被支援者的沟通能力感到惊讶。"

作为思考工具，比如逻辑思考法和批判性思考法，通常被认为是勤于学习的人使用的方法。但是本书介绍的"3 个思考工具"，对于像长期服刑者这样疏于学习的人，也都是很有效果的工具。

POSTSCRIPT

后　　记

　　本书介绍的思考方法与流程是以色列物理学家艾利·高德拉特博士开发的，以位于美国总部的 NPO 为中心，来推广"为了教育的 TOC"。

　　日本引入这一方法论是在 2011 年。邀请了 NPO 的老板凯西·斯艾尔肯女士来普及这一方法与流程，并同时推进日本本土讲师的培养工作。逐渐扩大的规模持续到今天。

　　本书介绍的方法与流程最强之处在于，无论是谁都可以简单地使用。许多父母在 NPO 主办的研讨会上分享了使用思考工具培养孩子时的成功和喜悦。YouTube 上也播送了当时的情形。

当然，这本书的适用范围并不仅限于儿童教育。

在学校里，班会的目标设定、社团活动中练习计划的制定，都是把自主学习应用于语文课程的设计形式。也可以根据孩子们的意见制定道德课程的运营等。

进一步说，根据云图所介绍的孩子们学级崩坏的分析与对策，以及对看守所的准释放人员的教育这些案例，本书的理论也承担着助力解决社会问题这一角色。

听到"教育"这个词，大多数人会立即浮现出学校这一场景，事实上对于社会人来说也有教育，对于职场来说更需要教育，"为了教育的 TOC"拥有丰富的职场和交流的活用实例。

实际上，让大家了解这一方法和流程也是有理由的。

最近，经常看到诸如《未来将消失的职业》这类文章，简单的体力劳动将被机器人取而代之，单纯的脑力劳动将由计算机取而代之，连复杂的工作都能由机器人和计算机代替。

在那样的时代里，仍会为怎么教育子女而烦恼。边说着"这样教育孩子的话，将来我就能安心了"，边思考为了孩子的人生应该让他学习哪些知识技能。

至少能直观地感觉到，仅接受背诵知识、让孩子记住答案的教育，将自己的孩子培养成将来会对社会有用的人是不可能的。于是强化思考能力是很有必要的。

在这个时候，我遇见了TOC，以及"为了教育的TOC"的思考方法（云图、分支图、远大目标图）。

从相遇之后开始，人生中冲击性的事情便接踵而至。

例如，我为了在网球淘汰赛上获胜而使用了这一工具，35岁时首次在市民大会上获奖。接受了担任留级边缘、数学成绩在全班倒数第一的高中生的家庭教师，短短6周，这名学生的成绩就上升到了全班平均水平。同一时期这个孩子做到了梦寐以求的事情——以电影演员的身份出道。在那之后，我遇见了本书中讲到的裕树，所发生的巨大的变化正如这书中所写。

我曾在体育界当过足球队和网球部的指导员，现在已经成为职业网球巡回赛选手的教练，也成了里约热内卢奥运会上的小艇参赛选手的教练。现在不管做什么，都会感到很顺手。

电影、足球和小艇对我来说都是外行。之所以能够成为教练，是因为选手可以用自己的头脑来思考、回答、行动，并从中不断学习。"这个办法对每个人都有用！"这种想法每天都变得更强烈。

世界上有很多像职业棒球选手和宇航员这样"给予他人梦想和希望的人"。

实际上，我从高中的时候开始就很憧憬成为宇航员，也参加了 JAXA(宇宙航空研究开发机构)的宇航员考试。但是我最终没能成为宇航员。

遇到"为了教育的 TOC"是在那之后的事。

此外，不是有了梦想或得到了勇气就能实现自己的梦想。如果没有解决眼前各种障碍和难题的具体技能，想完成了不起的事情几乎是不可能的。如果进展不顺利，就会说："那是因为他厉害，所以才会那样。但是对我来说……"于是就放弃了。

本书介绍的方法，不仅能让人充满梦想和活力，还能具体地克服障碍、解决问题、制订计划、支持成长。

现在，我确信地向全世界推广这个技巧，培养将来能在社会上活跃的人才。衷心希望这本书对解决教育这一大社会问题有所贡献。

最后，在执笔期间，凯西·斯艾尔肯女士曾授予我思考工具和流程知识，为我创造了写这本书的机会；岸良裕司先生也经常与我激烈讨论，对内容提出了反馈和意见。感谢给我提供各种想法的诸位，感谢给我应援和鼓励的朋友。特别感谢若林靖永、吉田由美子、松山龙藏、安田悦子、滨野茧子、藤田国和、若松怜英、若松美洋对我的协助（此处敬称略）。借此机会对大家深表感谢。


飞田 基

2017 年 6 月